Rolf Deilbach

Auto – Deutsch Deutsch – Auto

Eine humorvolle Betriebsanleitung

Motor buch Verlag

Einbandgestaltung: Luis dos Santos

Bildnachweis: S. 7: Fotolia © idesign2000; S. 21: Fotolia © Lorelyn Medina; S. 28: Fotolia © cyberok, Fotolia © Ayzek; S. 29: Fotolia © niky002; S. 47: Fotolia © Tetastock; S. 68: Fotolia © kolopach; S. 83: Fotolia © Robert Kneschke; S. 106: Fotolia © Puchalt; S. 114: Fotolia © vostal; S. 117: Fotolia © Tinga; S. 119: Fotolia © Eugene Devyatkin

ISBN: 978-3-613-03587-4

Ein Unternehmen der Paul Pietsch Verlage GmbH & Co. KG

1. Auflage 2013

Sie finden uns im Internet unter www.motorbuch-verlag.de

Lektor: Martin Gollnick
Innengestaltung: Kornelia Erlewein, grafik+design
Druck und Bindung: L.E.G.O. SpA, 36100 Vicenza
Printed in Italy

Liebe Leserinnen und Leser!

Ja, ich bekenne freimütig, dass ich seit früher Jugend Benzin im Blut habe. Und – immer noch das ein auf andere Mal – PS in Kopf und Herz. Normal, wenn man als lebenslanger Autofan inzwischen sogar das Privileg genießt, in unmittelbarer Nähe von Haupttribüne und Boxengasse an Deutschlands schönster Rennstrecke, dem Nürburgring, arbeiten zu dürfen. Und somit fast täglich vom Frühjahr bis in den Spätherbst edle Sportwagen, perfekt gepflegte Oldtimer, spannende Erlkönige im Tarnkleid und während der Rennsaison natürlich auch zahlreiche Rennboliden zu Gesicht bekommt. Schon mein Weg über die B 258 von und zur Arbeit bietet mir an manchen Tagen Rennstreckenfeeling in Verbindung mit genussreichem Anblick von etwas, wofür ich mich schon immer begeistert habe: großartige Autos!

Womit klar sein dürfte, worum es in diesem Buch geht: Um den Spaß an und mit Automobilen. Und denen, die sie lebenslang bewegen. Ein ziemlich deutsches Thema. Sowohl im Bereich des automobilen Erfindergeistes und Ingenieurwesens, als auch in der Benutzung. Perfekt geeignet, darüber augenzwinkernd humorvolle Gedanken zu Papier zu bringen. Denn noch ist das Auto in der Wahrnehmung der meisten Deutschen mehr als nur das technisches Fortbewegungsmittel Nr. 1 zur Bewältigung des Individualverkehrs. Auch wenn sich mit der mittlerweile unverzichtbaren Diskussion über Umweltschutz und Nachhaltigkeit unser Verhältnis zum geliebten eigenen Bewegtblech gerade zu verändern beginnt.

Und sich ein Stück weit versachlicht. Sicher gut und richtig in Zeiten knapper werdender Rohstoffressourcen und einer globalen Umweltbelastung hart am unumkehrbar schädlichen Limit.

Aber – und das ist mein Plädoyer – vergesst den Fahrspaß dabei nicht! Fahrspaß heißt ja längst nicht, Tunnelblick auf die zuckende Tachonadel bei Vollgas in Sprit saufenden Rußschleudern. Sondern immer öfter dank Navigation und innovativer Motorentechnologie streckenoptimiertes und kraftstoffsparendes Cruisen und Genießen. Ab zwei bis häufig inzwischen weit über tausend Fahrkilometer ganz ohne Tankstopp. In und mit modernen Autos, die noch nie so verkehrssicher, störungsfrei und entspannt bedienbar waren wie heute! Sie machen unser Leben leichter und werden dabei – mit ausreichend Reserven für schnelle wie langsame Fahrt – immer umweltschonender. Schöner fahren und manchmal sogar fast wohnen auf deutschen Straßen. In Begleitung des liebsten Technikkindes der Deutschen, dem eigenen Auto.

In diesem Sinne: Viel Spaß bei der Lektüre dieses Buches und allzeit gute Fahrt!

Ihr

Männer lieben Autos – Frauen fahren Auto

Männer lieben Autos – Frauen fahren Auto

»Es ist ein Junge, lass ihn uns Porsche oder Ferrari nennen!« Welcher Vater hat nicht – zumindest kurz – mal mit dem Gedanken gespielt, für seinen frisch geschlüpften männlichen Sprössling direkt nach der Entbindung ein richtungsweisendes Lebenszeichen zu setzen?! Selbst noch bei Allerweltskombinationen wie *»Porsche«* Müller, *»Ferrari«* Meier oder wenigstens *»Jaguar«* Schulze. Aus so einem Kind muss – wenn der Standesbeamte mitspielt und den Vornamen durchwinkt – zweifellos was Ordentliches werden. Mindestens ein gut verdienender Autohaus-Besitzer. Und jede Frau, die später seinen Lebensweg kreuzt, wüsste sofort, woran sie ist!

Ein schöner Gedanke. Traut sich aber leider keiner, so viel positive väterliche Emanzipation direkt nach dem ersten Klaps auf den frühkindlichen Hintern. Nach meiner Theorie übrigens einer der wesentlichen Gründe, warum männliche Kleinkinder in der ersten Zeit nach ihrer Geburt deutlich mehr und lauter brüllen als weibliche. Sie wollen einen vernünftigen Vornamen ... statt lebenslang als Philipp-Gunter, Kevin-Emanuel oder Justin-Nagetier herumzulaufen.

Wenn Mütter, also anerkannte Mitglieder des wirklich starken Geschlechts, über Vornamen für ihre Töchter entscheiden, kann es schon mal ganz anders laufen. Die sind so durchsetzungsstark, die lassen nach dem Vornamen ihrer neugeborenen Zuckerpuppen manchmal sogar zusätzlich komplette Automarken benennen: »*Mercedes*« ist da ein echter historischer Klassiker mit Vorbildfunktion. Geht doch!

Der Mann ist also seit frühester Kindheit auf sich selbst gestellt, wenn es darum geht, unverzichtbare Lebensbereiche für sich zu definieren, zu erobern und dann selbstverständlich auch zu erhalten. Im Grunde aber kein Problem, ein Mann kann das. Denn er hat neben Atmen, Schlafen, gut Essen und ordentlich Trinken sowie danach Verdauen auch das Thema Auto als lebensnotwendiges Zubehör schon im genetischen Code. Es ist da unauslöschlich verankert und entwickelt sich von der Wiege bis zur Bahre weiter. »*Mama*« und »*Papa*« bekommt er frühsprachlich als Erstes in den Griff und über die Lippen, das sind unverzichtbare Bezugsgrößen seiner Entwicklung. Dann kommt aber, nach »*Happa*«

Im Grunde aber kein Problem, ein Mann kann das.

und deutlich vor *»Oma«* und *»Opa«* sofort: *»Da, Auto Brumm!«* Mit deutlich ausgestrecktem kleinem Patschezeigefinger und breitem Grinsen. Das ist nirgendwo gelernt, es ist einfach da. Wundervoll.

Kleine Mädchen – die sich später häufig zu großartigen Frauen entwickeln – haben diese ebenso spannende wie erstklassige Sonderausstattung meist nicht in der genetischen Zubehörliste. Wozu auch? Ist ja nicht so wichtig für sie. Die genetische Mobilitätsdisposition ist bei ihnen limitierter. Dafür ist die Einrichtungs-, Körper- und Fußbekleidungs- sowie die Feuerstellen-Optimierung bei humanoiden weiblichen Wesen genetisch stärker ausgeprägt. Ebenfalls ja irgendwie Lust-Gene. Die aber im Laufe ihrer Lebenszeit zuweilen Dominanztendenzen entwickeln und dabei locker andere maßgebliche Quellcodes des weiblichen Hier- und Daseins übersteuern können. Frauen ticken einfach anders, ab dem ersten Atemzug. Sie beschließen deshalb häufig bereits früh, dass so ein Auto sich nur dann wirklich sinnvoll von A nach B bewegen lässt, wenn ein erstklassiger modischer Schuh auf das Gaspedal tritt! Sie setzen klare Prioritäten, ob mit oder ohne Mann an ihrer späteren Seite.

Frauen ticken einfach anders, ab dem ersten Atemzug.

Das unterschiedliche Verhältnis und Verständnis von Mann und Frau zum Thema »Auto« macht sich erstmalig so richtig im kindlichen Spielverhalten und der Kinderzimmergestaltung inklusiv Spielwaren bemerkbar. Hier, bei den Jungs, anfangs kistenweise erstklassige Modellautos, moderne Go-

Karts mit Überrollbügel und eine brandheiße Rennbahn im Maßstab 1:24. Dort, bei den Mädels, neben der ersten noch harmlosen Schuhsammlung im Größenspektrum 27 bis 32 Barbie-Puppen und Accessoires, so weit das Kinderauge im Spielzimmer reicht. Passendes Puppenschuhwerk inklusive. Der Begleit-Ken kommt maximal, ist ja nur der Sidekick als schmückende Ergänzungspuppe, auf der Durchreise dann und wann ins fliederfarbene Wohnmobil rein. Aber vorher schön die Schuhe abputzen, sonst bleibt Ken besser draußen. Ist klar?!

Sollten Jungs bei so was mit Mädchen mal mitspielen dürfen, als »Ken-Halter« quasi, steigt Ken notgedrungen als Beifahrer in die knatterbunte Karre ein. Seine großen, harten Brüder Big Jim und Big Josh schämen sich derweil aus dem Jungenzimmer heraus für ihn fremd: So ein Weichei! Es geht gespielt – Barbie will es so – mit Ken fürs Wochenende aufs Land, selbstverständlich zum Ponyhof oder in die Wellness-Farm. Für Mädchen ein Traum. Für Jungs schlicht Mädchen-Quatsch! Weil Ken den – aus seiner Sicht – hochnotpeinlichen Camper lieber beim Autohändler seines Vertrauens gegen einen bretharten Sportwagen mit 500 PS eintauschen würde. Der perfekte Modell- und Spielwechsel für ein spannendes Rennwochenende am Nürburgring oder in Spa. Gerne mit der flotten Barbie auf dem Beifahrersitz. Deutlich voneinander abweichende Kinder-Spielwelten. Geschlechterspezifische automobile Lebensläufe sind eben sehr verschieden. Das erste eige-

Für Mädchen ein Traum. Für Jungs schlicht Mädchen-Quatsch!

ne Auto ist ein weiteres gutes Beispiel dafür. Da tritt vieles noch deutlicher zutage. Lange, nachdem Ken und Barbie neben Modellautos und Rennbahn auf dem Trödelmarkt entsorgt oder in einer Bananenkiste im Keller endgelagert wurden. Es ist Zeit für den ersten eigenen Wagen, der selbst gefahren wird. Budgetabhängig ein guter Gebrauchter oder ein Neuwagen …

Es ist Zeit für den ersten eigenen Wagen, der selbst gefahren wird.

Dazu übernimmt die junge Frau sehr gerne und mit Dank den – wenn einer da ist – acht Jahre alten gepflegten Cityflitzer von ihrer Mutter. Oder Bargeld von beiden Elternteilen für eine eigene kluge erste Autoentscheidung, denn der gebrauchte Wagen des Vaters wäre für sie total daneben. Ein gewaltiger Benzinschlucker mit viel zu viel überflüssigem Zubehör: *»Sorry, aber Unterhalt und Spritverbrauch von dem Schlitten kosten mich ja ein Vermögen. Mindestens 20 Paar nicht kaufbarer Schuhe und drei schicker Handtaschen – pro Jahr. Das ist nichts für mich, der hat außerdem viel zu viel Technik an Bord!«* Es folgt somit die finale Verständigung zum Thema elterlicher Kaufunterstützung. Jungen Frauen reichen meist 10.000 Euro, gerne rückzahlungsfrei. Sonst als Darlehen, pünktlich monatlich am Fünfzehnten kommen 150 Euro zurück in die elterliche Kasse. Versprochen und somit garantiert!

Darüber, was für das Geld gekauft wird, muss eine junge Frau nicht lange nachdenken. Sie folgt einfach der Steuerungskompetenz ihrer Gene. Und erwirbt Folgendes: Erstens für 300 Euro einen tollen Wochenend-Shopping-Trip nach Mailand. Zweitens dort dann für 429 Euro drei Paar lange gesuchte super-hippe Schuhe sowie eine stark heruntergesetzte Marken-Handtasche für nur 149 Euro. Bleibt drittens noch genug Geld für ein feines Duftwässerchen für Mutti und einen sehr alten Premium-Grappa für den Vater, beides aus dem Duty-free-Shop. Und viertens, nach ihrer zufriedenen Rückkehr, für genau 8995 Euro einen – in knapp zwei Stunden ganz in Ruhe ausgesuchten – flotten kleinen Neuwagen aus dem automobilen Fachhandel. Ein meist japanisches Einsteiger-Markenmodell, gerne mit Tageszulassung, direkt aus dem Verkaufsraum. Mit ausgewiesenen Bestnoten diverser Automagazine im Gepäck. Insbesondere für geringen Verbrauch, die Wendigkeit und seinen Wiederverkaufswert. Der Wagen hat ein Panorama-Schiebedach und ein Radio mit Bluetooth-Anschluss fürs Smartphone. ABS, ESP, reichlich Airbags und Kofferraumvolumen hat er auch. Sowie volle 60 Monate Neuwagengarantie. Die erste Tankfüllung plus Fußmatten gibt's vom Händler noch obendrauf! Tolles Auto zum Start, so soll es sein, findet Frau. Sie vergisst dabei nicht, den Eltern deutlich zu machen, dass bald weitere finanzielle Unterstützung hilfreich und gefragt sein könnte. Spätestens bei der eigenen Wohnung für die Einrichtung. Dann aber tilgungsfrei in den ersten 120 Jahren.

Tolles Auto zum Start, so soll es sein, findet Frau.

Bei jungen Männern läuft das Ganze etwas anders ab. Nicht schlechter, nur anders! Sie nehmen die Fahrzeuge ihrer Mütter erst gar nicht als richtige Autos und damit taugliche Gebrauchswagenoption wahr – das alte Ken-und-Barbie-Problem. Geht gar nicht! Und Vaters Wagen ist für sie in den meisten Fällen auch keine Lösung. *»Das musst Du verstehen, für Deinen SUV bin ich noch zu jung, Vollausstattung hin oder her!«* Da passt höchstens der dicke Motor, aber dem fehlt sonst fast alles, was junge Männer suchen. Vor allem eine schnittige Form und zeitgemäßes Zubehör! Väter mit Benzin im Blut verstehen sofort, worum es geht. Der Junge sucht seine erste große mobile Liebe. Gut so, die Zeit ist schließlich reif dafür. Wenn die Haushaltskasse es zulässt, bekommt er also Kohle. Aber nur 12.000 statt der gewünschten 20.000 Euro – Risikobegrenzung! Opa, seit jungen Jahren ebenfalls kein Kostverächter in Sachen fahrbarer Feinkost, greift ergänzend heimlich –, Omas müssen nicht alles wissen – in seine Sparbuch Sammlung. Er steuert 5000 Mäuse zusätzlich bei. Männersache! Der Patenonkel packt noch zwei Tausender drauf, und 1000 Euro Eigenkapital sind auch da. Über mögliche Rückzahlungsmodalitäten redet man nicht. Soll der Junge doch erst mal Spaß haben, dann sehen wir weiter.

Mit diesem Polster im Rücken geht es zu den ersten zehn international geprägten Autohaus-Dates in 50 Kilometer Umlandradius. Nur die motorsportgeprüften Premium-Marken mit Sportflitzer-Angebot, drei Tage lang. Gucken und ein bisschen anfassen. Probekuscheln inklusive ausgedehnter Probefahrten – die Woche ist schnell rum. Zwischendurch geht es zur vertiefenden Information und Orientierung auf eine Tuningmesse im benachbarten Ausland. Mit Übernachtung, aber ohne Einkäufe: den meisten Teilen fehlt das Auto drum herum – und die deutsche ABE. Zurück beim heimischen Fahrzeughandel geht es weiter, jetzt mit Produktausschlüssen: Unter 30.000 Euro gibt es fast keine Neuwagen zum richtigen Verlieben in der Einstiegsklasse. Das tut jungen Männern mit Benzin statt Batterieflüssigkeit im Blut – die Ökoversion der Mobilitätsjünglinge gibt es ja inzwischen vereinzelt auch – weh. Sehr weh!

Also rüber zum PS-Flüsterer in der Gebrauchtwagen-Abteilung. Da warten unter anderem die scheckheftgepflegten Sportskanonen mit Vorbesitzer. Tolle Auswahl, alle mit mindestens 150 PS. Das kann man schließlich immer noch mit Chiptuning um ein paar nützliche Pferdestärken aufstocken; wegen der größeren Sicherheitsreserven beim Überholvorgang! Hier geht endlich das, was zum Budget passt. Und Reserven für »Individualzubehör-Apps« übrig lässt. Mann, ist das schön! Es wird nach erneuten intensiven Probefahrten verschiedener Modelle ein gut ausgestattetes Sportcoupé eines in- oder ausländischen Premium-Herstellers zum ersten Mobilitätspartner gekürt. Knapp fünf Jahre alt und gerade mal 126.000 Kilometer gelaufen. Mit zwei Jahren Mobilitätsgarantie. Danach kann und muss man ja eh weitersehen. Entschieden und gekauft für Zwanzigfünf. Vater und Opa dürfen ihn mit abholen. Sie bekommen sogar jeder eine eigene Probefahrt – die von ihnen äußerst ungern beendet wird. Generationsübergreifende Deals unter Männern. Mit lauter zufriedenen Gesichtern!

Mann, ist das schön!

In weniger spendierfähigen oder -bereiten Familien läuft es nicht ganz so easy. Da muss der Mobilitätsjunior häufig selbst für die Flockenzufuhr beim Erstauto sorgen. Das schaffen die meisten jungen Kerle relativ locker. Sie fiebern ja dem PS-starken Ziel ihrer Träume entgegen und klotzen entsprechend ran! Für viele junge Männer ist die Mittelbeschaffung für ihr Erstauto gleichzeitig der Einstieg in ein erfolgreiches Berufsleben. Sobald »Geld verdienen« erst mal gedanklich mit »Selbstbelohnung« verknüpft ist, läuft die Karriere bei Männern oft von selbst. Wie mit erstklassigem Motoröl geschmiert. Lebenslange Wirtschaftserfolge dank basispsychologischer automobiler Starthilfe. Klingt ziemlich simpel, ist aber hoch komplex. Männlich eben.

Das erste eigene Auto ist für einen jungen Mann so wichtig wie der erste Sex. Erotik pur. Auf einer metaphysischen Ebene. Das vergisst er nie. Beides! Alles, was danach kommt, ist vielleicht noch perfekter, aber das erste Auto ist sein ganz besonderes Ding. Das ist pure Lust, automobile Leidenschaft. Eine innige emotionale Beziehung, der Start in die Wunderwelt der automobilen Erlebnisse. Der er von nun an – in permanenter Weiterentwicklung – verfallen ist. Spätestens mit dem dritten oder vierten eigenen Auto – alle zwei bis drei Jahre eines – kommt allmählich der Genussfaktor dazu.

Erotik pur.

Nach reinem Fahrspaß wandert der bis dahin überwiegend Frontscheiben- und Asphalt-fixierte Blick des automobilen Mannes erstmalig gezielter Richtung Seitenscheibe. So ab Mitte, Ende 20. Mit erstaunlichem Erkenntnisgewinn: Neben der Straße gibt es ja Landschaft mit Leben drin. Toll! Es beginnt die Zeit, in der die Frauen an der Seite junger Männer – mit etwas Glück – zudem länger bleiben als die Autos. Und nicht mehr »Schätzchen« genannt werden, sondern als Schatz ihren festen Beifahrerplatz finden. Junge Männer werden für Frauen ebenfalls erst jetzt richtig interessant: Der Kerl ist ja halbwegs erwachsen geworden. Neue, manchmal andere Umstände, die für beide Auswirkungen auf die Fahrzeugwahl der Männer haben: Der Wagen wird flächenmäßig größer, höher und bekommt zwei zusätzliche Türen. Der leistungsstarke Motor bleibt! Dass nur der den echten Spaß beim Auto bringt, ist männlich gelernt. Selbst bei den Schatzsuchern, die final fündig werden.

Junge Frauen beobachten Männer gerne bei deren automobiler Entwicklung. Und schütteln zuweilen den Kopf: Ihr Spielkinder! Während Männer von Ende 20 beim vierten oder fünften Auto angekommen sind, ist es bei Frauen meist noch der zweite Wagen. Von wegen »Erotik«, wir reden hier über eine geordnete sachlich korrekte Arbeitspartnerschaft zwischen Mensch und Maschine. Mit fester Rollenverteilung: Ein Partner, die Frau, schafft die Betriebsmittel wie Sprit und Öl ran, der andere – das Auto – liefert dafür Mobilität und Stauraum. Man versteht sich, kommt sich aber emotional selten richtig nah. In Autos kann Frau weder Schuhschränke einbauen noch – außer bei Wohnmobilen – drin wohnen und bruzzeln. Ihre Autos lassen sich Frauen durchaus was kosten, Qualität und Haltbarkeit der Vehikel gibt es ja nicht geschenkt. Das weiß jede Frau. Aber sie

Das weiß jede Frau.

investieren am liebsten in innere Werte und nicht in fahrenden Pomp. Es sind überwiegend diskrete Anbauteile mit Gebrauchsnutzen, die Frauen an Autos schätzen. Sie wollen Komfort, Bedienfreundlichkeit, Platz und Sicherheitszubehör. Dafür verzichten sie schon mal gerne auf ein paar Extra-Shoppingtouren zu Lageracker, Emille Schnäppscheen oder anderen modischen Götterboten. Marken ...

Warum sich grundsätzlich, viel zu oft und immer wieder länger als nötig – außer, wie bereits angesprochen, bei der Farb- und Einrichtungsauswahl – beim Fahrzeugkauf mit dem Auto befassen?! Wenn es Benzin bekommt, fährt es. Fein. Selbst wenn der Motor klein ist, die Reifen schmal sind, die aerodynamischen Außenstaubfänger fehlen und keine dicke Stereoanlage an Bord ist – der Wagen fährt doch auch ohne überflüssigen Zierrat. Was will Frau mehr?! Im Grunde häufig nicht viel. Vielleicht beim Nächsten ein größeres Glasdach, eine tiefe Heckklappenkante und eine trendige Außenfarbe – die zu zwei oder drei Paar Lieblingsschuhen passt. Aber das alles wieder gerne so, dass es fünf bis acht Jahre hält. Für nachvollziehbar eingesetztes Geld. Frauen, die nicht permanent nach irgendeinem Roooobeerrrrrt, Heinrich-Emanuel-Dagobert-Isidor oder ihrem Sugardaddy krähen, sehen das nun mal so. Und kaufen Autos meist bis knapp unter die Fünfzigtausend-Euro-Marke. Nicht, dass sie emotionslos wären oder keinen Sinn für konsumorientierte Vermögensverschiebung hätten. Aber für echte Gefühle gibt es bei ihnen im Wesentlichen vorrangigere Erlebniswelten. Zum Beispiel im Mode- und/oder Einrichtungshandel.

Was will Frau mehr?

Männer entwickeln sich automobil stets weiter, Frauen eher nicht. Deswegen kennen Frauen beim Autokauf und der Fahrzeugbenutzung lebenslang selten stark bewegte Gefühlskurven. Die Beziehung zum Mobilitätsblech ist in der Frauenwelt überwiegend eine kerzengerade, tiefenentspannt schmale Nebenlinie im Leben. Selten mit kleinen Hubbeln drin. Und wenn, dann kommen die vom Ärger über ein paar kleine Kratzer und minimale Parkrempler, verschlissene Kupplungen oder über zu hohe Benzinpreise und Werkstattrechnungen. Sowie von mit Männerautos fehlbesetzten Frauenparkplätzen. Dinge, über die Männer mit ihren ausschlagsstarken emotionalen Beziehungskurven im Autoleben nur milde lächeln können ...

Kratzer, Parkrempler? Niemals! Männer fahren Autos unfallfrei oder richtig kaputt! Verschlissene Kupplungen, häufiger aber noch Bremsen, sind für sie gottgewollte Leistungsnachweise ihres täglichen fahrerischen Könnens. Und Benzinpreise wie Werkstattrechnungen sowieso unbeeinflussbar, also kein seriöser Grund zum Ärgern. Frauenparkplätze zudem meist nur überflüssiger Quatsch – schon mal was vom »First-mover-Prinzip« gehört?! Wenn das so weitergeht, gibt es als nächstes innerstädtische Frauenampeln – mit Dauergrün zu frauentauglichen freien Shoppingtouren auf deutschen Straßen. So nicht, meint Mann.

Männer fahren Autos unfallfrei oder richtig kaputt!

Außerdem ist für Männer immer klar, wo das Gaspedal sitzt: Rechts! Das meinen sie technisch, und keineswegs politisch. Wobei, Autofahren ist für Männer ganz grundsätzlich nicht unpolitisch. Durch die von ihnen festgelegte Verbindung der Begriffe *»Fahrspaß«* und *»Freiheit«*. Wer sie da einschränken will, der bekommt fetten Ärger, selbst in der Politik. *»Freie Fahrt für freie Bürger!«* ist ein Klassiker unter den von Männern erfundenen Formeln und Sinnsprüchen. Mehr noch, es ist für sie das unbekannte elfte Gebot! *»Mehr Geld in der Kasse durch weniger Vollgas auf der Straße!«* stammt dafür aus der Frauenecke. Und wird von Männern leicht überhört.

»Freie Fahrt für freie Bürger!«

Wie zwei andere, von Frauen jeden Alters gerne vom Beifahrersitz aus vorgetragene Anmerkungen, die Männern so gar nicht schmecken: *»Musst Du so schnell fahren? Mir wird davon schlecht!«* und *»Fahr doch nicht so dicht auf!«* Typische Frauensprüche, die undenkbare männliche Fehlleistung im Straßenverkehr implizieren. Männer fahren schnell, weil sie das können – davon wird niemandem schlecht, sie fahren ja stets sicher. Und deshalb auch nie zu dicht auf ... der Vordermann – das kann nur eine Frau sein – fährt einfach viel zu langsam. Bis hierhin und nicht weiter, wird an dieser Stelle manche Frau sagen. Wir sind ja auch bald am Zielpunkt angekommen. Aber noch nicht ganz, es geht noch etwas weiter auf den beiden fast berührungsfreien automobilen Lebenslinien von Mann und Frau ... In einem entscheidenden Punkt sind Frauen doch emotionaler bei ih-

»Mehr Geld in der Kasse durch weniger Vollgas auf der Straße!«

ren Autos als die meisten Männer. Wer hätte das gedacht, ausgerechnet bei der Trennung verlieren sie die emotionale Distanz zu ihrem Mobilitätsblech. Dann bricht all das heraus, was sie ansonsten so gerne verdrängen – sie lieben ihre Autos angeblich zwar selten, aber tief in ihrem Herzen hängen sie schon dran! Die Trennung geht bei ihnen deshalb voll ans Herz und selten ohne Tränen ab. Sie geben nämlich nicht nur gerne einer Reihe essbarer Haustiere, sondern häufig auch ihren angeblich so »unwichtigen Nutzfahrzeugen« persönliche Namen. So gut wie kein Kerl käme je auf die Idee, seinem Auto – also einem wirklich guten PS-Kumpel für ein paar gemeinsame Jahre – eine andere als die vom Hersteller vorgegebene Typ- und Modellbezeichnung zu geben. Maximal ergänzt um die Ausstattungsvariante, wenn die extrem wichtig klingt. Wozu auch, ist ja ein Auto!

Bei Frauen ist das anders, da wird Modell- und Typenbezeichnung nach dem Erwerb gerne mal gegen *»Mäxchen«*, *»Peterle«*, *»Möhrchen«*, *»Flitzeblitz«*, *»Speedy«*, *»Fridolin«* etc. ausgetauscht. Häufig noch verbunden mit der Fahrzeugfarbe. Das ist dann *»mein roter Brummkasper«*, *»das minzgrüne Fröschchen«*, »der silberne Taschen-Toni« oder *»die gelbe Hanna«*. Wenn der, die, das final weg muss, wird es tragisch. Hier verlieren Frauen beim Abschied genau die Zeit, die sie beim Autokauf meist einsparen. Das kann Tage, ja Wochen dauern. Inklusive Kontrollbesuchen beim Gebrauchtwagen-Händler oder auf dem Schrottplatz. Um nachzusehen, ob die alte Liebe schon vom Hof ist. Traurige, zum Teil extrem langwierige Trennungsprozesse. Bei denen meist nur trostreicher

Zuspruch der besten Freundin hilft. Bei Frauen. Männer geben bei der Trennung von Altfahrzeugen – vorher wird nur noch der Tank ordentlich bis zur roten Markierung leer gefahren – die Schlüssel und Papiere mit gönnerhaftem Kopfnicken an den Abnehmer ab. Spätestens mit dem dritten eigenen Wagen läuft das bei ihnen so. Käufer, da hast Du ihn, viel Spaß. Kommt schließlich was passendes Neues – üblicherweise mit mehr Motorleistung und besserer Ausstattung. Alles okay, und Tschüss!

Wir lernen also: so eng und familiär die Beziehung eines Mannes zu seinem Auto während der gemeinsamen Zeit ist, er gibt ihm trotzdem fast nie Namen. Und kennt selten Abschiedsschmerz, wenn eine neue PS-Beziehung lockt. Während der eigenen Nutzungsdauer geht Mann dafür weitaus fürsorglicher als die meisten Frauen mit dem Auto um. Er hegt, pflegt und betüddelt es: Der Wagen bekommt ein feines, manchmal sogar kuschelwarmes Plätzchen ganz in seiner Nähe, am liebsten in Sichtweite – überwiegend in der Garage oder direkt vor der Haustüre. Und auch sonst fehlt es ihm an nichts. Wöchentliche Beauty- und Wellness-Behandlung inklusive Qualitätswäsche von der Marken-Tanke. Oder sogar höchstselbst per Hand aufgetragen – mit extra lackfreundlichem Aloe-vera-Schäumchen, Politur mit Nanopartikel-gepimpter Edelmineral-Pflegepaste und Innenreinigung mit Schwämmchen, Kuscheltüchern und Feinstaubsauger. Selbst bei den Kraft- und Schmierstoffen ist das Auto bei Männern erstklassig aufgehoben: Feinste Markenqualität vom

Tankstellen- und Mineralöl-Marktführer. Mehr ist mehr, weniger ganz sicher nicht. Deutlich besser als bei Frauen. Denn die vertrauen ihr überwiegend als mechanisch wahrgenommenes Kraftfahrzeug bei der Pflege meist den Preiseinstiegs-Standards der externen Dienstleister an. Waschen, Föhnen, Legen – so gar nichts selbst gemacht, sondern emotionslos eingekauft beim Kraftstoff- und Pflegeflüsterer von der Tankstelle. In einer halben Stunde absolut ordentlich erledigt – aber eben nicht mal zur unkomplizierten Nachpolitur-Kuschelei eigene Hand vertrauensbildend am Mobilitätsblech angelegt. Im Unterschied zum Mann bestellt Frau da nicht mal die »Vier-Stufen-Wäsche mit Unterbodenschutz und Pflegewachs« – sondern das Standardprogramm. Schade! Gute Tankstellen bieten Auto-Mann wie Fahr-Frau schließlich deutlich mehr als Waschen, Trocknen und Bezahlen. Selbst der Innenraum bekommt bei Frauen leider nur den Ein-Euro-Nullachtfünfzehn-Staubsauger-Support. Obwohl gerade der häufig mehr Zuwendung vom dafür bestens ausgebildeten Fremd-Fahrzeugpfleger gut gebrauchen könnte. Denn er sieht bei Frauen öfter mal so vollgepackt aus wie ihre Handtasche – nur eben mit ein paar Kubikmetern mehr Stauraum.

Doch zurück zum Lauf des mobilen Zeitstrahls: Im Sommer des automobilen Geschlechterlebens ändert sich in Summe wenig. Die Autos werden bei Männern im zarten Mittelalter zwischen 30 und 50 Lenzen bekanntlich überwiegend größer. Zumeist, weil Familien raumgreifenden Anschluss in seinem Mobilitätshabitat suchen und finden. Über das Nutzflächenwachstum im Innenraum vergisst der Mann jedoch nie, dass die Motorleistung diesem gewachsen sein muss. Jedes Familienmitglied mehr liefert gute Gründe für 20 bis 30 zusätzliche PS. Plus mehr sportlich bequemen Sitzkomfort, zumindest auf dem Fahrersitz, der Kommandozentrale des Raumschiffs. Der PS-Zuwachs muss sich inzwischen aber mit dem Spritverbrauch vertragen. Anfangs ein echter Zielkonflikt, den die internationale automobile Ingenieurskunst mittlerweile gut im Griff hat: 5,3 Liter Durchschnittsverbrauch auf hundert Kilometer, trotz 210 PS und ein paar genussreicher Vollgas-Peaks auf der Autobahn … Familienväter wissen, was sie an ihren Brüdern im Geiste in den Forschungs- und Entwicklungsabteilungen der qualifizierten Automobilindustrie haben. Und fördern sie entsprechend. Durch ihr männlich-kollegiales Kaufverhalten.

Jedes Familienmitglied mehr liefert gute Gründe für 20 bis 30 zusätzliche PS.

Selbst die automobile Ästhetik leidet bei Familienkutschen längst nicht mehr. Schnittige Kombis und sportliche SUVs, so weit das geneigte Auge reicht. Von wegen Kastenwagen dank Familienzuwachs, Familienkutschen im Jetzt und Hier sind längst was fürs Auge, Kindersitze auf der Rückbank hin oder her. Und selbst die Kids sind ja nicht für ewig an Bord, die Bälger wachsen da raus und sind irgendwann selbstfahrend weg. Und spätestens dann wird ohnehin wieder sinnstiftend Nutzfläche gespart oder umverteilt in Richtung schnittig, rund und gut! *»Liefert noch bessere c_W-Werte – wirkt sich alles positiv auf den Verbrauch aus!!!«* Männer beherrschen eben Win-Win-Argumentationsketten. Zu Wohle der eigenen Wunscherfüllung und des Hausfriedens. Frauen aber auch. Sie verzichten lebenslang mehrheitlich auf einen Teil der spritsparenden Pferdestärken und belohnen sich dafür mit überschaubarer automobiler Inneneinrichtung. Und dem ein oder anderen modischen Accessoire in Markenqualität. Nicht alle, aber viele. Einige von ihnen rechnen zudem – muss nicht, kann aber – gerne mal was durch. Um dem nur optisch gereiften Lieblingsehemann ihre Ermittlungsergebnisse vielleicht sogar als Spaßbremsen beim Neuwagenkauf unter die Nase reiben zu können. Zum Beispiel, dass sie, auf eine Lebenslänge verteilt, ganz grob – Frauen neigen an solchen Stellen nicht zur Erbsenzählerei, sondern zur stark aufgerundeten Schätzung – mal rund eine halbe Million Euro weniger für Autos in die finanzielle Familienhand nehmen. *»Das ist ein komplettes großes Einfamilienhaus, was ich uns weniger gekostet habe als Du mit Deinen schweren Wagen! Also speck' die Zubehörliste von Deinem neuen Wunsch-Auto gefälligst ab! Damit endlich eine richtige Dampfdusche mit in die Badezimmerdecke integriertem Regenwald-Duschkopf fürs Haus und öfter mal ein entspanntes Wellness-Wochenende und neue Klamotten für mich drin sind!«*

Männer sind lebenslang autoverliebt.

Männer sind lebenslang autoverliebt. Aber sie lieben zusätzlich ihre Frauen! Mittelalte Kerle sind daher nach solchen »Einläufen« zuweilen zu schwach zum gezielten Gegenangriff. Sie gehen der Milchmädchen-Rechnung auf den Leim und akzeptieren kampflos die für sie traurigen Konsequenzen. Es wird mit Pech sogar – wegen Gewissensbissen – die erstklassige Multimedia-Navigation oder der Bi-Turbolader von der Must-have-Liste für ihren Neuwagen gestrichen. Warum? Muss doch nicht sein. Wer wird denn gleich aufgeben?!

Männer, die sich auskennen, haben selbst mal präventiv ein bisschen mitgerechnet. Denen passiert so was nicht, sie wenden mit cleveren Gegenargumenten das Blatt: *»Erstens: Deine Fünf-Sterne-Profi-Küche, in der ich nicht mal ein Spiegelei selbst braten darf, war fast so teuer wie ein Penthouse auf Mallorca. Zweitens: Der Klimawandel bringt uns das Regenwaldfeeling in Kürze kostenlos in Haus und Garten, eine neue Dusche brauchen wir dafür nicht extra. Drittens: Meine Autos vor Deiner Zeit musst Du da sowieso rausrechnen.«* Meist reicht das als Diskussionsbeitrag schon, damit Ruhe herrscht und Neuwagen nicht zu zubehörfreien leistungsschwachen Fahrspaßbremsen werden.

Falls nicht, bleibt Raum für weiteren inhaltsschweren männlichen Sachvortrag. Es kann schließlich diesmal nur einer gewinnen ... *»Viertens: Unsere Autos der letzten zweieinhalb Jahrzehnte, alle vier Jahre was Neues für im Schnitt inflationsbereinigt zirka 30 Riesen, musst Du durch die fünf mitfahrenden Familienköpfe des Haushaltes teilen. Mein Anteil liegt somit aufgerundet bei 40.000 Euro – über die Gesamtnutzungsdauer. Fünftens: Neben dem neuen Auto steht mir wegen nachgewiesener lebenslanger Sparsamkeit zusätzlich ein einwöchiges Winter-Fahrsicherheitstraining am Polarkreis zu! Sechstens: Ich nehme Dich natürlich gerne mit in den hohen Norden. Da gibt es zwar weit und breit außer Ikea* *keine Möbelhäuser, geschweige denn Modeläden. Aber dafür tolle naturnahe Saunen mit niedlichen Braunbären und Wölfen direkt vor der Hütte. Frisch aufgehackte Badelöcher in zugefrorenen Bergseen haben die da oben übrigens auch! Also das ganze von Dir so geschätzte perfekte ruhige Wellness-Erlebnis-Programm für Haut und Abwehrkräfte!«* Punkt. Ein Drei-bis-sechs-Positionen-Statement, das es in sich hat und deshalb sitzt. Ruhig, aber auch nicht unüberhörbar leise vorgetragen. Noch Fragen?

Reden ist Silber, Schweigen ist Gold. Dann und wann gilt das also selbst für Frauen. Vor allem, wenn ihre geliebten, entbehrungsgewohnten Männer sehr, sehr selten einen bescheidenen Neuwagenwunsch verspüren und äußern.

Im Alter werden beide Geschlechter dann richtig mobilitätsmilde. Männer aber keineswegs automüde. Die Prioritäten verschieben sich selbst bei Kerlen mit ordentlich Benzin im Blut ab zirka Fünfundsechzig plus X. Zum Glück ganz langsam und in Fünfjahres-Schritten. Vom leistungsstarken, verbrauchsoptimierten Motorrauminhalt und straffer Sportfederung geht es, Auto für Auto, sukzessive und final in Richtung komfortorientierter Innenraum-Ausstattung. Teil eines göttlichen Plans mit dem Genpool jedes autoaffinen Mannes: Er bleibt Mann, aber – eine echte Gottesgabe – er beginnt, beim Autokauf und der Zubehörliste länger zu überlegen! Die altersweise Suche nach bequemlichkeitsorientierten Werten beginnt. Komfortgeprägter Gebrauchsnutzen beim Autofahren. Klingt komisch, ist aber so. Was für Frauen in

Haus und Garten schon immer richtig und wichtig war, landet – in Teilen und fahrzeuggerecht übersetzt – jetzt auf seinem(!) Kaufvertrag fürs nächste Auto: Lichtdurchflutete große Fensterflächen daheim – also ein Auto mit bester Rundumsicht und Panoramadach! Bequeme Ledersofas im Wohnzimmer – also rein mit beheizten, elektrisch bedienbaren Leder-Kontursitzen inklusiv breiten Sitzflächen und Rückenmassagefunktion! Elektrisch bedienbare Jalousien am Haus – also hydraulische automatische Tür- und Heckklappenöffner plus pneumatisch absenkbarer Heck-Ladekante auf das automobile Bestellblatt! Welch ein Sinneswandel. Frauen mögen es jedenfalls. Ist ja genau die Ausstattung des Wagens, die sie sich seit langen Jahren unausgesprochen von ihren Männern wünschen. Gab es – so fair muss man sein – damals aber alles noch nicht für Autos. Was für ein Glück für die inzwischen alten Knaben.

Frauen mögen es jedenfalls.

Für den späten Zubehörlisten-Erkenntnisgewinn gehen –typgerecht – immer noch ein paar tausend Euro extra drauf. Die Mann dreißig Jahre früher mit großer Lust und bei bester Laune in gesteigerte Motorleistung, breite Schlappen, Sportfahrwerk und Auspuffanlagen gesteckt hätte. Nunmehr aber altersgerecht und lebensklug investiert in eine etwas andere Art von *»Fahrspaß«* und *»Freiheit«*.

Passt schon! Männer lieben eben tolle Autos, bis ins hohe Alter. Frauen fahren dafür gerne praktische Autos, von jungen Jahren an.

Leistungsmarken hinter dem Lenkrad – Eine Auswahl, wichtige Exoten inklusive

Ein Blick ins Auto nebenan an einer roten Ampel reicht meist schon. Da sitzen die anderen. Viel Normales. Unauffällige Verkehrsteilnehmer wie Du und ich. Aber auch ein paar Exoten, besondere Leistungsmarken hinter dem Lenkrad. Kaum getarnt und gut identifizierbar – nicht zuletzt durch das, was sie bewegen. Nachfolgend eine kleine, aber feine Auflistung von normalen und besonders spannenden Typen im Straßenverkehr daheim und unterwegs. Überwiegend nette, harmlose Zeitgenossen, zumeist männlichen Geschlechts. Bei denen man weiß, was man an ihnen hat – spätestens, wenn es wieder Grün wird und der eigentliche Fahrspaß mit ihnen beginnt.

Allzeit gute Fahrt!

Fahranfänger:

Generation Smartphone hinter dem Fahrspaß-Steuer 2.0! Völlig anders als früher. Ohne dickes Warnschild »Fahranfänger« auf dem Kofferraum- oder Heckklappendeckel. Sie starten zwar, wenn sie beim Autokauf oder der Familienleihe kein Automatikgetriebe gebucht haben, so holprig wie alle Fahranfänger vor ihnen. Abgesoffene Motoren mitten auf rappelvollen Ampelkreuzungen anfangs inklusive. Aber sie können ansonsten vom ersten Tritt aufs Gaspedal an richtig viel im knallvollen Straßenverkehr. Sie kennen nämlich alle Verkehrsschilder und die ganzen Verkehrsregeln, von denen eine Hälfte ohnehin nur gebraucht wird, um Etatschlaglöcher der Kommunen mit Bußgeldeinnahmen zu stopfen. Außerdem sind sie erstklassig geschult in energieeffizienter Fahrweise. Und können Teile in neuen Autos sinnvoll bedienen, die andere erst gar nicht finden. So viel zur Theorie bei Fahranfängern.

Jetzt zur Praxis der netten, verkehrsgebildeten, überwiegend jungen Leute. Ihrem pendelnd gemanagten Multitasking-Spagat zwischen zwei Welten. Der schnellen neuen virtuellen und der spannenden alten Welt der fahrbaren Technik. Keine Angst, die meisten jungen Fahranfänger können das erstklassig kombinieren. Tastenklicks mit den Pfoten und Fuß auf dem Gas. *»Meine neue App kennt die coolsten Discos am anderen Ende von Deutschland. Und die kürzesten Fahrtwege dahin. Inklu-*

Meine neue App kennt die coolsten Discos ...

siv der billigsten Tankstellen auf der Strecke!« Na also, geht doch noch. Fast wie früher. Die ersten kurzen Wochenend-Exkursion mit Führerschein plus Auto. Wer später was zum Weltgeschehen simsen oder twittern will, sollte die Welt am besten vorher erkunden. Dafür sind Autos und Führerscheine schließlich gemacht.

Die stinklangweilige Null-Verbrauchs-Version, die die wenigsten jungen Fahranfänger – schon gar nicht die mit Spaß an ihrem neuen Fortbewegungsmittel – alternativ dazu am PC benutzen, lautet *»Wir treffen uns alle heute Nacht um halb Elf im Chatroom.«* Virtuelles Leben außerhalb jeder Fahrstreifenromantik. Für Nerds, die nicht verstehen wollen, dass Autos zu mehr taugen, als nachts in kurzen Computerpausen Cola-, Chips- und Biernachschub von der Tanke zu besorgen. Bewegungsmangel für Kontaktarme. Schön doof.

Virtuelles Leben außerhalb jeder Fahrstreifenromantik.

Die andere Version von Fahranfängern ist nicht nur besser für's Geschäft der Auto- und Mineralölindustrie, sie dient auch der Völkerverständigung von Kiel bis Garmisch. Denn junge Leute kommen dank Auto nicht nur viel rum, sie lernen so zudem fremde Kulturen plus deren räumlicher Umgebung kennen und überwinden dabei auch gleich noch Sprachbarrieren – beides übrigens im In- und Ausland. Aufgeklärte Fahranfänger nutzen vom ersten selbst gefahrenen Kilometer an sehr gerne ihre automobile Reisefreiheit zur persönlichen Weiterentwicklung und realem Face-to-Face-Networking. Autofahren ist für sie deutlich mehr als nur die Benutzung eines Individualverkehrsmittels für den Weg zum nächsten Fastfood-Tempel, zur Uni oder dem Arbeitsplatz. Nämlich eine der wenigen erstklassigen Applikationen außerhalb des Smartphones. Fast so wichtig wie die körpereigenen Apps Gehirn, Herz, Lunge und Co. Und dank fortschrittlicher Automobiltechnik für Fahranfänger nachhaltig und »fast« vergleichbar einfach benutzbar.

Car meets Smartphone

Sie schätzen schließlich die nahtlose Verbindung von moderner Fahrzeug- und Kommunikationstechnik ungemein. Und können damit erstklassig umgehen. Car meets Smartphone – für sie ist das ganz normal. Ein echtes Lehr- und Lernstück, selbst für langjährige Profis hinter dem Steuer. Die bis vor Kurzem noch damit punkten konnten, dass sie neben Reifenwechsel, Motoröl- und Wischwasser-Kontrolle auch in der Lage sind, eine entladene Fahrzeugbatterie via Starterkabel zu neuem Leben zu erwecken. Junge Fahranfänger können über so viel Auto-Old-School nur grinsen: *»Lass mich mal machen! Meine Reifendruck-Warn-App, Öl- und Wasserstands-Nachfüll- sowie die Batterie-Lade-App schaffen das Meiste davon auch ohne schmutzige Finger – per Bluetooth!«* Weißte Bescheid, alter Hobbymechaniker, Dein gefühlter Wissensvorsprung ist aus der

Mottenkiste der automobilen Gebrauchstechnik. Von vorgestern, kannste voll vergessen!

Echt? Nee, zumindest nicht immer. Denn wenn jungen Fahranfängern mal das Smartphone abstürzt – Updatefehler oder Batterie final platt im Denk- und Lenk-Handy – dann ruht bei einigen von ihnen mit Pech direkt der komplette Verkehr. Feierabend, das Auto läuft nicht. Ohne virtuellen Master-Key steht die Karre mit ihrer tollen Technik. Von wegen »always on«! Wer als autobewegter Frischling in virtuellen Off-Zeiten so gar nichts von automobiler Technik und ein paar besonders nützlichen physischen Basis-Apps wie zum Beispiel den guten alten Falk-Plänen, einem Starterkabel oder dem Ölmessstab und ähnlichem Zeugs versteht, der ist dann schon mal ziemlich aufgeschmissen. Sie oder er sollte deshalb zumindest ein paar Leute kennen, die noch den guten alten »Führerschein 1.0« in der Tasche haben. Hilfsbereite automobile Nachbarschaft im Straßenverkehr. Die sich im Gegenzug für ihre Hilfe von Fahranfängern gerne zeigen lässt, wie man ein brandneues Mobiltelefon so pimpt, das es nicht nur zum Telefonieren taugt, sondern auch noch die billigsten Tankstellen und jede Radarfalle im fließenden Verkehr findet. Win-Win für New- und Old-School-Automobilisten!

Hilfsbereite automobile Nachbarschaft im Straßenverkehr.

Vokabeln Gesagt / Gemeint

Wozu benötigt das Auto denn einen Zündschlüssel?

Mein Smartphone hat zum Einschalten eine biometrische Code-Abfrage – Autos startet man mit einem Feuerzeug???

Ich glaube, der Rückwärtsgang klemmt gerade irgendwie!

Wenn sich der Reifen- und Bremsqualm erst mal gelichtet hat, gehe ich sofort vom Gas und löse die Handbremse!

Ich leihe mir nur mal eben Vaters Autoschlüssel und bin auch ganz schnell zurück!

Wenn ich noch seine Tankkarte dazu bekomme, in längstens sechs Monaten!

Ich kann erstklassig Auto fahren, ich habe den Führerschein jetzt schon seit sechs Monaten – und die völlig unfallfrei!

Im Grunde habe ich den Führerschein ja seit fünf Jahren, die meiste Zeit war er aber wegen ein paar Crashs eingezogen.

Danke fürs Auto Ausleihen. In den Tank Deines Wagens habe ich übrigens extrem viel Sprit rein bekommen!

Heißt diese Klappe hinten an Deiner Karre eigentlich »Tankverschluss« oder »Kofferraum-Deckel«?

Familienväter

Die große Gruppe der Normalos hinter dem Steuer. Automobile Routiniers, meist mit etlichen hunderttausend Fahrkilometern in der Lebensbilanz. Sie fahren immer noch gerne Auto, trotz der erheblich gewachsenen Verkehrsdichte. Autofahren ist für Familienväter zwar nicht mehr nur Freiheit und Abenteuer, schön und erlebnisreich geblieben ist es für sie trotzdem. Denn neben den Dienstfahrten zur Arbeit und familiären Besorgungen ist immer mal eine Extratour für sie drin. Die wird gesucht und relativ leicht gefunden.

Insbesondere, wenn gerade ein Fahrzeugwechsel erfolgreich abgewickelt ist und der neue sportliche Kombi – gerne mit Allrad und Turbo-Diesel – vor der Türe steht. Der tolle Neuwagen mit seiner spannenden Zusatzausstattung will gelernt und erprobt werden.

Familienväter sind erfahrene Streckenoptimierer

Da werden selbst Fahrten zum Bäcker oder dem Getränkemarkt auf einmal etwas länger. Familienväter sind erfahrene Streckenoptimierer. Sie finden außerdem mit einem neuen Auto unter dem Hintern die besten Biobäcker und günstigsten Aktionsangebote für Cola, Limo und Bier. Alles leider nur nicht mehr um die Ecke in fünf Kilometern automobiler Fahrdistanz, sondern eben 30 Kilometer entfernt. Geht aber auch schnell, sind schließlich zehn Autobahnkilometer ohne Geschwindigkeitsbegrenzung auf der navigationsoptimierten Strecke drin. Eine Zeit – gerade die ersten sechs Neuwagen-

Monate –, in der aufmerksame Familienväter ihren stressgeplagten Frauen gerne die ein oder andere Besorgungsfahrt für Einkäufe abnehmen *»Lass mich ruhig fahren, Schatz! Dann hast Du endlich mal Zeit, in Ruhe zum Friseur zu gehen. Ich besorge danach auch noch schnell im neu eröffneten Baumarkt den Rasendünger, der Dir fehlt!«* Schön, dass im Nachbardorf ein relativ neuer Baumarkt ist. Viel schöner ist aber der neueröffnete Baumarkt, den Familienväter in solchen Fällen meinen. Weil der in der übernächsten großen Stadt liegt ... Die perfekte Chance zum Erwerb von 1,5 Kilo Rasendünger zum Eröffnungsschnäppchenpreis.

Weil der in der übernächsten großen Stadt liegt ...

Familienväter kaufen nicht nur extrem günstig für ihre geliebten Haushalte ein, sie wissen auch, wie Energieeffizienz im Straßenverkehr funktioniert. Auf dem täglichen Weg zur Arbeit gelingt ihnen dank neuester Motorentechnik ihrer Autos ein Durchschnittsverbrauch von sagenhaften 4,3 Litern auf 100 Fahrkilometer. Ist ja eine permanent dicht befahrene Landstraße mit wenig Überholmöglichkeiten. Optimal. Und dabei genug Sprit gespart, um beim »Männer-Wochenende« mit den Kids – zum VLN-Zwischenlauf auf dem Nürburgring – mal auszuprobieren, wo das andere Verbrauchsende lie-

gen könnte. Klappt schon ganz prima: 8,6 Liter ... aber eben pro 50 Fahrkilometer. Da ist sicher noch Luft nach oben.

Die Königsdisziplin für Familienväter ist aber nach wie vor der Urlaub mit der eigenen Sippschaft. In den Sommerferien, drei Wochen Auszeit an den Küstenstreifen eines Nachbarlandes oder im Wandergebirge. Nicht hin- und zurückgeflogen, sondern ganz klassisch, mit Sack und Pack zehn bis fünfzehn Stunden in der Familienkutsche. Das war früher für Familienväter der ultimative Stresstest: Die zwei bis drei Bälger auf der Rückbank mussten stündlich nachpinkeln, ergänzt um kurze Fragen an den Fahrer, pro 80 der insgesamt 1000 Fahrkilometer einmal: *»Sind wir gleich daaa?«* Mutti versperrte dazu den verkehrssichernden Frontscheibenblick mit Kartenmaterial zu den besten staufreien Nebenstrecken. Und quakte parallel als Life-Navi den von ihr gefühlt optimierten Streckenverlauf in die Ohren der Familienväter. Selbst die Karre machte manchmal Mucken: gerissene Keilriemen, überhitzte Kühler oder schlicht kein Radioempfang beziehungsweise Bandsalat in der Ton-Kassette mit der Lieblingsmusik. Schöne Sch...! Auf dem Hin- und Rückweg. Zweimal 10 bis 15 Stunden. Ein Programm, das Amnesty International heutzutage als illegale Familienväter-Folter ächten und verbieten lassen würde.

Sind wir gleich daaa?

Lang vorbei. Heute laufen die großen Ferien für Familienväter völlig anders. Stressfrei schon bei der Anreise. Die Kinder auf den Rücksitzen sind mit sich und ihren zig Smartphone-Spielen beschäftigt – die Jüngste klärt per Skype mit ihren daheim geblieben Kindergarten-Freundinnen schon mal das Ferien-Restprogramm für die Zeit nach ihrer Rückkehr ab. Pinkelpausen: Fehlanzeige, die Kids sind derart ausgelastet, die merken nicht mal, dass die Blase randvoll ist. Und Mutti hat auch einen anderen Plan plus dazugehöriger Aufgabe. Den günstigsten, ständig aktualisierten Streckenverlauf liefert nämlich das topmoderne Navi, da ist Mutti komplett raus. Sie kann sich also getrost und voller Hingabe als Kamerafrau hinter dem Smartphone auf ihren Dokumentar-Reisefilm fürs spätere virtuelle Familienarchiv konzentrieren. Oder, eine andere großartige Lösung in Zeiten abgeschlossener automobiler Emanzipation: höchstpersönlich hinter dem Steuer Gepäck und Kinder sicher an den Urlaubsort kutschieren. Weil der kluge Familienvater mit einem guten Buch, einer exquisiten Flasche Rotwein und seiner Bahncard 08/15 im Handgepäck mit dem ICE tiefenentspannt zum Urlaubsziel anreist. Da haben alle was davon. Und reichlich Platz im Auto gibts so auch. Familienväter wissen eben, wie man am besten von A nach B kommt. Immer!

Pinkelpausen: Fehlanzeige, die Kids sind derart ausgelastet, die merken nicht mal, dass die Blase randvoll ist

Vokabeln Gesagt / Gemeint

Unser Neuer ist ein echtes Raumwunder. Und so günstig im Verbrauch!

Dein Cityflitzer passt locker in den Kofferraum. Und pro Tonne Leergewicht braucht der unter 10 Litern Sprit.

Komm doch bitte mit, ich möchte unseren neuen Wagen wirklich nicht ohne Dich aussuchen!

Ich setz Dich auf dem Hinweg zum Autohaus bei Deiner Kosmetikerin ab. Und erzähle Dir nach dem Abholen, für welches Modell wir uns gemeinsam entschieden haben.

Du wirst es sicher mögen. Endlich das perfekte Fahrzeug für unsere ganze Großfamilie – inklusive echtem Fahrspaß.

Wie bei modernen Verkehrsflugzeugen: Mit gepanzerter Cockpit-Tür und enger Bestuhlung auf den hinteren Plätzen.

Müssen nicht mal die ganzen alten Pfandflaschen aus dem Keller raus? Die verstopfen ja alles!

Ich brauche dringend Spritgeld für eine Wochenend-Tour zum Nürburgring mit den Jungs!

Nein, nein. Unser Wagen ist erst sechs Jahre alt – der hält noch eine ganze Weile.

Aber nicht bei uns, sondern auf einem schicken Abstellplatz beim Gebrauchtwagenhändler.

Ich freue mich schon riesig auf unsere entspannte Urlaubsreise an Küste. Die 800 Kilometer sind ruckzuck erledigt!

Yes! Mit dem neuen diskreten Tuning-Chip bringt die Kutsche jetzt locker 140 PS mehr. Diesmal also deutlich unter fünf Stunden Fahrtdauer, zumal die Pinkelpausen ausfallen!

Auto-Muttis

Wer hat's erfunden? Na kommt schon, wer? Das Auto – glasklar, ein Kerl! Aber die Fahrerei? Mutti! Wie bitte? Klingt für Männer nicht wirklich toll, aber nach allem, was man so weiß, war die erste zivile Autofahrt das Ding einer Auto-Mutti. Mit den Kids mal eben zu den Eltern. Mit dem neuen Auto vom Gatten, dem Tüftler. Böse Männer-Zungen behaupten ja bis heute, das stimme zwar, aber es sei eben Wilma Feuerstein und nicht Bertha Benz gewesen, die für dieses epochale Ereignis stehe – der unverändert steinzeitliche Fahrstil vieler Frauen sei dafür schließlich der beste Beweis ...

Auto-Muttis können über so viel Macho-Ignoranz und Männerblödheit nur müde den Kopf schütteln. Und kontern gerne mit einem kurzen Fakten-Check im automobilen Geschichtsbuch: *»Bertha mit ihren Kindern im Gepäck war nicht nur die erste Autofahrerin. Ihr ist es sogar gelungen, mit der untermotorisierten technischen Bastelarbeit von Ehemann Carl spritsparend und unfallfrei von A nach B und zurück zu kommen!«* Weißte Bescheid, Ehemann und Autofahrer. Für heute bleibt es bei dieser Klarstellung. Ob Gott nicht doch eine Frau war, klären wir bei der nächsten Diskussion über die paar wirklich großen Mysterien der Menschheitsgeschichte. Mann sollte die Klappe halt nicht immer zu weit aufreißen. Denn Auto-

Weißte Bescheid, Ehemann und Autofahrer.

Muttis treffen – so oder so – nicht nur die meisten Parklücken perfekt, ihnen gehört inzwischen ein großer Teil des fließenden und stehenden Verkehrs. Fahrtüchtig angeeignet, zuweilen hart erobert – in jedem Fall inzwischen auf ewig gesichert.

Bis auf eine eigene Fahrspur haben sie, die mobilen Frauen im allgemeinen und die Auto-Muttis im Besonderen, automobil fast alles erreicht. Mit Vernunft, Pragmatismus und guten Begründungen. Wer wollte den familiären Taxi- und Logistikunternehmerinnen hinter dem Steuer schon verweigern, was ihnen logischerweise zur täglichen mobilen Aufgabenbewältigung bei 50 bis 100 Fahrkilometern zusteht? Autos mit ordentlich Ladevolumen plus Rückfahrkameras sowie großen Schuh-Ablagefächern gehören inzwischen zu ihren automobilen Basis-Features – Schminkspiegel sind dafür ziemlich out. Es sei denn, der überemanzipierte Ehemann verlangt so was aus purem Trotz – für seine Beifahrerseite in Auto-Muttis Mobilitätsblech.

Im ruhenden Verkehr haben Auto-Muttis ebenfalls ganz schön aufgeräumt und sich ordnenden Platz geschaffen. Frauenparkplätze machen bereits – gefühlte – 75 Prozent aller Parklücken aus. Dicht gefolgt von 15 Prozent ebenfalls für Auto-Muttis reservierten Familien- und Mutter-Kind-Parkbuchten. Der Rest der Verkehrsruheflächen am Straßenrand geht an Behinderte und Senioren. Normale Männer, die für ihre Vehikel einen Parkplatz suchen, probieren es am besten mit P+R-Plätzen am Stadtrand oder in den künftigen Männergaragen – für 20 Euro pro halbe Parkstunde ...

Auto-Muttis ist es – nebenbei bemerkt – völlig egal, welcher Kerl unter ihnen gerade Verkehrsminister ist. Hauptsache, sie kommen im Straßenverkehr gut durch! Denn sie tragen schließlich die Hauptlast der familiären Fortbewegung: Einkäufe, Besorgungen, Kindertransporte, und am Wochenende zusätzlich noch die Familienausflüge – also den Familienvater rotzevoll und den großen Junior beinverbeult und deshalb humpelnd nach den verlorenen Spielen der Heimmannschaft vom Fußballplatz abholen. Wer so ein Programm schafft, der macht dann auch die Regeln. Und bestimmt selbst, was in die Garage gehört ... Carl Benz ist lange tot, und die »Auto-Berthas« unserer Tage würden ihren Männern eher was husten, statt sich heimlich Vatis neue Limousine auszuleihen. Auto-Muttis bestimmen höchst selbst, was sie fahren wollen. Und das ist längst nicht mehr klein, unpraktisch und bescheiden motorisiert.

Bis auf die ganz dicken SUVs mischen Auto-Muttis in fast allen Fahrzeugklassen inzwischen kaufbestimmend in für sie kluger Vertretung ihrer in solchen Sachen fehlgesteuerten männlichen Letztentscheider mit. Überwiegend bei den größeren Komfortmodellen, die sie virtuos durch den immer dichteren Straßenverkehr pilotieren. Auto-Muttis verfügen nämlich über klassische Frauen-Gene – zum Beispiel über ausgeprägtes räumliches Denkvermögen. Was sie längst nicht mehr nur zur Parkplatzbenutzung einsetzen. Sondern vor allem beim Fahrzeugkauf: Großes Auto = viel Platz; großer Hybridmotor = schnelle günstige Fortbewegung; große Ausstattungsliste mit sinnvollem Zubehör = viel Fahrkomfort; großer Kaufpreis der eigenen Autos = weniger Restgeld für überflüssige Fahrzeugkäufe der Ehemänner ... so geht räumliches Denken bei cleveren Auto-Muttis. Autos sind ihnen nicht heilig, sondern für sie richtig nützlich. Die eigenen, weniger die ihrer Männer. Weil Auto-Muttis nicht nur gute Fahrerinnen, sondern auch exzellente Psychologinnen sind. Die sich ihre Autos so geschickt konfigurieren, das ihre Männer selten Spaß daran haben, sie mal selbst zu fahren. Seien wir also froh und dankbar, dass es damals in den automobilen Kindertagen nicht umgekehrt lief. Also weder Bertha den Benz-Motorwagen gebaut hat noch Wilma Feuerstein das steinzeitliche Urmodell. Wir wären heute noch ein Volk von Reitern und Pferdefuhrwerk-Besitzern. Vor allem, weil jeder Mann einen Erst- und Neuwagen mit einer Durchschnittsgeschwindigkeit von unter 8 km/h nach 500 Metern kopfschüttelnd abgestellt hätte und wieder aufs deutlich verkehrstauglichere Pferd umgestiegen wäre: Keine Leistung, kein Allrad, keine Gänge für schnellen Galopp, aber dafür Kindersitze. Und mit so was dann beim Schwiegervater vorfahren – geht definitiv gar nicht!

Keine Leistung, kein Allrad, keine Gänge für schnellen Galopp, aber dafür Kindersitze

Auto-Muttis waren und sind solche emotionalen Gedankenspielchen völlig fremd. Deshalb fahren wir heute noch und immer mehr Autos – Frauen wie Männer. Männliche Autofahrer sollten also Auto-Muttis für das mutige und pragmatische Erbe von Bertha Benz ewig dankbar sein! Eine eigene Fahrspur nur für sie wäre ein sichtbares Zeichen und ein logischer guter Anfang dafür.

Vokabeln Gesagt / Gemeint

Ich will endlich mal ein vernünftiges Auto – nur für mich!

Gerne mit 250 PS weniger als Deine Karre, aber dafür als praktisches Cabrio-Kombi. Frische Luft, gute Rundumsicht plus viel Stauraum – eben ein richtiges Frauenauto!

Übernimmst Du heute mal meine spaßige kleine Tages-Einkaufstour?

Wenn Du richtig schnell bist, schaffst Du das noch unter 15 Stunden – aber sicher nicht ohne Burnout.

Ich fahre wie immer zum entspannten Shoppen in die Stadt!

Also Deine Bügelwäsche wegbringen, Deinen Lieblingswein einkaufen und dann für Dich schnell noch in die Apotheke ... Pillen gegen Ignoranz kaufen.

Ich möchte mal ein richtig schönes ruhiges Familien-Wochenende auf dem Land verbringen.

Deine Autoschlüssel, bitte. Du, die Kinder und der Hund bleiben hier!

Das ist mein gutes Recht, Herr Wachtmeister. Das ist schließlich ein Frauenparkplatz.

Nein, ich habe den Kerl nicht mit Schwung überfahren, sondern den Wagen nur ganz langsam rollen lassen!

Ich habe jetzt wirklich keine Zeit für lange Diskussionen!

Na klar ist das die falsche Durchfahrtsrichtung für eine Einbahnstraße. Aber dafür mein kürzester Heimweg. Die Kids warten schließlich auf ihr Mittagessen.

Sportliche Fahrer

Forever young! Von den Anfängen auf der Kart-Bahn über die ersten noch von eigener Hand getunten Boliden bis ins Hier und Heute mit sportlicher Spitzentechnik aus den Edel-Manufakturen der PS-Zünfte. Sportliche Fahrer bleiben sich und ihren Träumen ein Leben lang treu. Nette Kerle, die das machen, was sie am besten können: Gas geben.

Fahrspaßler eben.

Im Job wie auf der Straße. Fahrspaßler eben. Die ihre gelegentlichen Popometer-Fluchten nur auf abgesperrten Rennstrecken und nicht auf dicht befahrenen Autobahnen ausleben. Eine ebenso diskrete wie gefährdungsfreie Leistungsklasse hinter dem Steuer, die kleine, aber feine Fraktion der sportlichen Fahrer. Der intelligente Gegenentwurf zum Verkehrsrowdy. Taffe Typen zwischen 30 und 55, mit Sinn für Fahrspaß und Technik. Ganz im Gegensatz zu den PS-Deppen mit kleinem Dingsda an gleich zwei Körperstellen und nervösem Fuß an hellroten Ampeln, sind sie die freundlich genießende Kleinserie der Leistungsfraktion im Straßenverkehr. Sie können nicht anders, denn wie im Beruf haben sie auf der Straße sowohl Power im Fuß als auch im Kopf. Sportliche Fahrer geben zwar ganz gerne Gas auf freier Bahn, aber sie bremsen dafür auch deutlich früher als die meisten anderen. Für Mensch und Tier, am Straßenrand ausgesetzte Zwergkaninchen und Goldfische inklusive. Leistungsfans mit Herz, Verstand und Popometer. Die gerne maximal mit 5 bis 7,5 Prozent, aber keinesfalls 20 Zählprozenten über erlaubten Geschwindigkeiten unterwegs sind.

Ihrem Expertenbonus! Für sie – und ein paar andere – sind genau die letzten Autobahn-Freiräume gemacht, die der Gesetzgeber noch übrig gelassen hat. Weil ein sportlicher Fahrer nur dann powert, wenn er weder sich noch andere gefährdet. Ganz ohne Blinker links, Lichthupe und eine Penislänge Sicherheitsabstand. Brauchen sie alles nicht, sie geben schließlich nur da Vollgas, wo es wirklich noch geht. Auf einer ordentlich abgesperrten sowie gesicherten Rennstrecke. Am liebsten ohne den Trubel von Touristenfahrten. Sportliche Fahrer kennen ihre Autos und deren Möglichkeiten inklusive der Grenzbereiche so genau wie die Risiko-Ausschlüsse ihrer meist privaten Unfallversicherungen. Das sind die Leitplanken ihres Risikobewusstseins, da ecken sie selten an.

Weil ein sportlicher Fahrer nur dann powert, wenn er weder sich noch andere gefährdet.

So sicher, wie sie ein paar Dinge zwischen Himmel und Erde beherrschen, von denen ungeübte PS-Schwanzlurche beim Adrenalinpumpen auf der Nürburgring-Nordschleife besser die Gasfüße lassen sollten. Für sportliche Fahrer liefert außerhalb des öffentlichen Verkehrsgetümmels der Drehzahlmesser wichtigere Ergebnisse als die Tachonadel. Endgeschwindigkeiten sind eh ein abstrakter Wert, saubere konstante Rundenzeiten sind für sie dafür das Maß der Dinge. Geschwindigkeit spürt Mann auch ohne km/h-Angabe – wenn er kann! Und powert sich bei so was ordentlich aus. Nassgeschwitzt nach erstklassigen Grenzerfahrungen, alles unbeschädigt geblieben. Ist doch okay!

Gute Jungs, diese sportlichen Fahrer. Die keinem was Böses wollen. Und sich brav aus dem öffentlichen Straßenverkehr zurückziehen, wenn sie Bock auf mehr als klassische Fortbewegung mit ihren Autos haben. Also definitiv die falsche Klientel für erhobene Zeigefinger und neue Verbotsschilder. Es sind ja ebenso sicherheitsorientierte wie hilfsbereite Knaben. Mit vier verschiedenen Reifensätzen im Wandregal der Garage – für jede Jahreszeit mit entsprechenden Witterungsbedingungen eine. Ist gut für die optimale Traktion und trägt außerdem zur Verkehrssicherheit bei. Zudem lösen sie eigene und fremde Verkehrspannen staufrei und im Handumdrehen. Vom platten Reifen bis zum kompletten Motor- oder Getriebewechsel. Alles deutlich zwischen 2.34 und 13.57 Minuten, gestoppt per Funkmessung. Nützliches Praxiswissen von Leuten mit Sinn für Technik und Pit-Stop-Erfahrung am Pistenrand.

Autofahrer, die es im normalen Straßenverkehr kaum krachen lassen. Wozu auch, Mensch und Material sind ja wertvoll. Das gilt für sie selbst ebenso wie für die anderen Verkehrsteilnehmer um sie herum. Denen sportliche Fahrer dann und wann gerne geduldig darüber Auskunft geben, wie sich sogar extrem schnelle Autos im normalen Verkehrsbetrieb entspannt und trotzdem mit Fahrspaß bewegen lassen. Alles eine Frage des richtigen Fahrers, ist doch klar. Wer die falschen sind, das wissen deshalb insbesondere sportliche Fahrer ganz genau. Meist die übernächsten Besitzer ihrer gut gebrauchten Sportboliden. Die aus den früheren Genussmitteln aufgemotzte Verkehrsrisiken machen und damit überall voll draufhalten. Einige sportliche Fahrer kotzt das gelegentlich so an, dass sie was dagegen unternehmen. Im Dienst, ganz klassisch, mit Radarpistole und Kelle ...

Die weiblichen Gegenstücke von sportlichen Fahrern sind ähnlich gut drauf. Sie beherrschen aber zusätzlich noch eine Disziplin, um die sie jeder Mann im sportlichen Fahrerlager absolut beneidet. Sie sind die ultimativen Leihwagenprofis der Sportfahrer-Gilde. Und bringen damit so manchen Autoverkäufer schier zur Verzweiflung. Weil sie sich in Autohäusern gerne mal mit zuckersüßem Augenaufschlag einen gut ausgestatteten Sportwagen zur ausgedehnten Probefahrt besorgen. Und ihn danach mit rund 1700 Zusatzkilometern, leerem Tank, runtergefahrenen Bremsen und auf Slicks zurück bringen. Von wegen kurze, harmlose Damen-Probefahrt aufs Land: Stattdessen lieber zum Ladies-Cup auf dem Grand-Prix-Kurs mit der flatschneuen Autohaus-Leihgranate. Inklusiv Qualifying-Runden sechs materialprüfende Stunden lang. Hat sich jedenfalls gelohnt – ein guter dritter Platz in einem Feld von 42 Starterinnen ... Und das mit einem so gut wie unbekannten Wagen, völlig ohne Renn-Trimm. Zum nächsten Rennen wird eine andere Marke ausgeliehen, versprochen. Irgendwann will schließlich jede sportliche Fahrerin auch mal ganz oben aufs Podest!

Vokabeln Gesagt / Gemeint

Dieses Sportcoupe hat zirka 500 PS!

Der Wagen hat exakt 437 PS!

Die Rundumsicht des Wagens ist trotz der sportlichen Bauweise erstaunlich gut.

Hinten und linke Seite ist eh egal, mit der Motorleistung wird man selten bis nie überholt.

Der Wagen ist praktisch im werksseitigen Originalzustand – nur mit ganz minimalem Basis-Tuning ergänzt.

Die Straßenzulassung gehört auch zum aufpreispflichtigen Minimaltuning, ist aber schon beantragt.

Er ist nicht nur extrem schnell, sondern auch richtig praktisch!

Ein echtes Raumwunder – es passen gut und gerne zwei mittelgroße Erwachsene mit je drei Kreditkarten rein.

Leider, leider wohl mein letztes Sportcoupe ... das Alter!

Wie damals bei Sinatras Abschiedstourneen damals: Drei gehen noch!

Nachhaltige Fahrer

Die Spritsparer-Truppe im deutschen Fahrerlager. Ihr Ziel ist es, so viele Fahrtkilometer wie möglich aus drei Litern Kraftstoff rauszuholen. Und das möglichst mit komplett wieder verwertbaren Autos – entweder als Kompost oder in Gestalt schicker Neufahrzeuge. Die Autofahrergeneration mit Zukunft. Die sich ihre Mobilität außerhalb der Förderung von Mineralölkonzernen das Meiste kosten lässt. *»Meiner fährt 230, selbst mit angezogener Handbremse!«* ist für sie das absolute Horrorszenario. Sie geben mit anderen Leistungsdaten an: *»Hamburg–München mal wieder mit halber Tankfüllung geschafft. Beim nächsten Wagen wird das noch besser, der verliert gar keinen Kraftstoff mehr während der Fahrt!«*

Meiner fährt 230, selbst mit angezogener Handbremse!

Nachhaltige Autofahrer schaffen das. Spätestens in zehn Jahren. Wenn die Autoindustrie endlich so weit ist, wie sie es heute schon gerne hätten! Sie investieren in die Zukunft ihrer Fahrzeuge und damit in die Bestandsfähigkeit unseres blauen Planeten. Deshalb sind sie beim Autokauf wie bei ihren verbrauchsoptimierten Touren durchaus kritisch. So viel Individualverkehr wie nötig, mehr nicht. Kein schlechter Ansatz. Zum Autohaus müssen sie von Zeit zu Zeit trotzdem, vor allem für Neuwagenkäufe. Nachhaltige Autofahrer sind gern gesehene Gäste in den Verkaufsräumen der Premium-Marken. Dort liefern sie der Verkäufergilde spannende wie auch lehrrei-

che Fachgespräche mit nachhaltigkeitsgeprägtem Schulungspotenzial. Sie sind zudem diejenigen, die die »Exotenquote« in den Absatzstatistiken der Autoindustrie erfüllen helfen. Sie kaufen genau die 2,65 Prozent definitiv umweltgerechter Autos, mit denen jeder bessere Hersteller derzeit bereits plant. Für Nachhaltige ist das kein effekthascherisches Greenwashing für die Garageneinfahrt. Sondern ein bestens durchkalkulierter Überzeugungskauf. Der Wagen kostet zwar 40 Prozent mehr als gleichwertige Standardmodelle, dafür liefert er aber durch seinen Leichtbau und modernste emissions- und verbrauchsreduzierte Hybrid-Motorentechnik auf Sicht den Return auf invest. Spätestens nach fünf bis acht Betriebsjahren mit je 15.000 Kilometern per anno.

Der Umwelt zuliebe. Fährt doch trotzdem, und sogar zügig. Sie sind die wahren Hybrid-Automobilisten im Straßenverkehr: Bergab direkt hinter dem Elzer Berg ohne Gasfuß gut und gerne 130 Kilometer flott, bei der anschließenden Steigung aber mit wohldosiertem Minimalgas im Bereich der erlaubten 100 Stukkies. So schafft man Köln–Frankfurt mit 3,6 Litern auf 100 Fahrkilometer ... der ICE auf der Trasse nebenan ist zwar einen Tick schneller zwischen der Domstadt und Großbankenhausen unterwegs, aber in seiner Ökobilanz liegt

So schafft man Köln–Frankfurt mit 3,6 Litern auf 100 Fahrkilometer ...

der Nachhaltige vorne. Dank der Mitfahrzentrale, die drei Besucher für diese Fahrt in der Fahrgastzelle beisteuert. Weißte Bescheid, angebliche Bundes-Öko-Bahn, Nachhaltige sind selbst im Auto hin und wieder unschlagbar umweltfreundlich.

In seiner Ökobilanz liegt der Nachhaltige noch vor dem ICE ganz klar vorn.

Geschlechterübergreifende Gutmenschen-Cleverness hinter dem Steuer. Meist mit akademischer Aus- oder zumindest Weiterbildung. Automobile Mitdenker und Fortschrittsfans. Die sich und anderen bei der Ökobilanz helfen. Indem sie selbst extrem wenig Emissionen produzieren und den Sprit portionieren. Kann ja nicht wirklich verkehrt sein, oder? Nein, ist es nicht, alles gut. Wir brauchen schließlich Vorbilder im Straßenverkehr. Nachhaltige sind es definitiv. Die tun ja nix Falsches, sie wollen einfach nur gut zur Umwelt sein. Sie sind daher im Straßenverkehr nicht nur schön anzusehen, sondern machen definitiv alles, aber auch wirklich alles völlig richtig. Umweltbewegte Autofahrerinnen und -fahrer, die den Fortschritt der automobilen Technik für ihr positives Lebensgefühl nutzen. Und dabei sinnvollen Individualverkehr weder ablehnen noch verteufeln.

Die tun ja nix Falsches, sie wollen einfach nur gut zur Umwelt sein.

Vokabeln Gesagt / Gemeint

Autos sind kein Selbstzweck, sondern motorisierte Transportmittel.

Amen.

Ein Wagen, der über fünf Liter Kraftstoff auf 100 Kilometer Fahrtstrecke benötigt, käme für mich nie in Frage.

Ich spare gewaltig Sprit, aber die Anschaffungskosten versauen leider immer noch die schöne Rechnung. Selbst als Misch-Kalkulation.

Ich fahre selbst mit unserem neuen Hybrid-Auto nur die nötigsten Strecken.

Langstrecke nehmen wir Vaters alten bequemen dicken Diesel – zu unschlagbar niedrigen Gesamtbetriebskosten!

Ich bin inzwischen so nachhaltigkeitsgeprägt, ich gehe jetzt sogar immer öfter zu Fuß zur Arbeit.

Auch als Fabrikbesitzer kann man Opfer bringen …gut, dass auf dem Werksgelände noch Platz für eine Zweitvilla war.

Spitzentempo 280 bei fünf Litern Durchschnittsverbrauch auf 100 Kilometer sind Fahrspaß und kein Widerspruch!

Ich bin Fahrer in einem großen Tourenwagen-Werksteam mit Hybrid-Boliden – Du nicht!

Oldtimerfreunde

»Früher war alles besser, ehrlich! Setzen Sie sich gerne mal rein!« Die wahren Genießer im Straßenverkehr sind die, die über ein oder mehrere Autos der Altersklasse »Dreißig Plus« verfügen. Aus der sie übrigens auch selbst stammen: häufig bereits silberlockig und damit gut erkennbar aus der Generation »Dreißig, Vierzig oder Fünfzig Plus bis Doppelplus«, diese Oldtimerfreunde. Tiefenentspannte Zeitgenossen mit dem Blick fürs historisch bedeutsame Wesentliche.

Tiefenentspannte Zeitgenossen ...

Entweder als Spätberufene, die sich finanziell abgesichert ihren Lebenstraum erfüllen und im Jetzt und Hier endlich das als Drittwagen in die Garage stellen, was ihnen in ihrer Jugend verwehrt blieb. Oder als echte lebenslange Sammler und Technikenthusiasten, bei denen der schraubende Weg das Ziel ist. Letztere greifen dann gerne zur unverbastelten Herausforderung im altersgemäßen Originalzustand und sind die nächsten acht Jahre in ihrer Freizeit durchgängig damit beschäftigt, die vom Zahn der Zeit hinterlassenen Spuren aus ihren geliebten historischen Wertblechen rauszuschleifen, zu dengeln und zu schrauben. Völlig egal, ob Oldtimerfreund mit reiner Freude am gelegentlichen Fahren oder als Jäger, Sammler und Schrauber – eine Bereicherung im Straßenverkehr sind alle, die sich historischen Fahrzeugen verschrieben haben.

Nostalgiker und Lebenstraum-Selbsterfüller. Denen ihr altes Blech heilig und damit erhaltenswert ist. Eine kleine, aber feine Genusstruppe mit Retro-Genen. Die dafür sorgt, dass der automobile Nachwuchs nicht vergisst, dass Autos mal mehr waren als fahrbare Spritspar-Büchsen oder Rennsemmeln. Schönheit liegt bei ihnen nicht nur im Auge des Betrachters, sondern auch im wachen Genießerblick der Fahrzeuglenker. Und Oldtimerfreunde können extrem gut sehen, sie verfügen über echten Weitblick. Damit toppen sie, nebenbei bemerkt, im gemächlichen Vorbeituckern inzwischen sogar fast sämtliche anderen Geldanlage-Experten. Getreu der Devise »Genuss muss sich wieder lohnen!« haben sie beizeiten damit begonnen, aus kleinen nostalgischen Träumen stabile Werte zu schaffen.

Oldtimerfreunde sind die Kulturschaffenden der Automobilisten-Bewegung – lebenslange Intellektuelle und Feingeister der selbstfahrenden Mobilität. Überwiegend autodidaktische Historiker, häufig eben mit Schraubergenen. Denen dann kein Weg zu weit ist, um die Originalzustände ihrer automobilen Glanzstücke wiederherzustellen. Und die als Hüter fast verlorener Schätze nicht nur auf Oldtimertreffen Jedermann und -frau bereitwillig Einführungskurse und Basiswissen zu ihren fahrbaren Pretiosen verschaffen. *»Ja, einen richtigen Motor und vier Gänge hatte der auch schon, ich zeige es ihnen gerne mal ...«*

Oldtimerfreunde sind die Kulturschaffenden der Automobilisten-Bewegung – lebenslange Intellektuelle und Feingeister der selbstfahrenden Mobilität.

Die Abteilung »Gute alte Zeit« auf deutschen Pisten. Neidfreier Genuss. Edel sei das Auto, alt und damit gut. Wer einen Oldtimer pflegt und gelegentlich fährt, der sorgt überall für zufriedene und lächelnde Gesichter. Beim eigenen Spiegelbild so sehr wie drum herum – Söhne und Enkel inklusive – im ruhenden oder fließenden Verkehr. Egal, ob der historisch wertbeständige Wagen als Lastenesel oder als Renngranate geboren wurde, mit mehr als 30 Jahren auf dem wohlgeformten, cW-resistenten Blechbuckel ist jedes fahrbare Vehikel gefeit vor negativer Beurteilung und einfach nur noch schön. Unschuldig schön. Obwohl der Wagen meist keinen Kat hat und lautstark ein paar Liter mehr als üblich verbraucht. Oldies but Goldies. Auto wie Inhalt. Oldtimerfreunde wissen das. Und verhalten sich entsprechend. Sie schätzen es, gemocht zu werden. Deshalb halten sie für Interessierte die Lebensläufe ihrer Fahrzeuge stets abrufbereit und geben bereitwillig Auskunft zu allen Themen rund um ihre automobilen Genuss- und Gebrauchsschätze. *»106 PS, 6 Zylinder, Spitze 165, von Null auf Hundert in 21,5 Sekunden ... das waren mal echte Spitzenwerte in der Leistungsklasse! Leider der Preis damals auch, 14.700 Mark ... das Jahresgehalt eines Generaldirektors im Jahr 1962. Konnte ich mir da absolut nicht leisten!«* Heute schon. Wahlweise durch wirtschaftlich beschleunigten Karriereturbo im gut restaurierten Zustand 2+ für 65.000 Euro oder als Restaurierungsherausforderung mit ein paar tausend Stunden Eigenleistung für gut 25.000 Euro in unverbasteltem Zustand 3-! Europaweite Exkursionen zu Ersatzteilmärkten und handwerklich einwandfreier Nachbau einiger Teile auf der

Oldies but Goldies.

heimischen Werkbank – selbstredend nach Originalplänen und Herstellerskizzen – inklusive.

Perfekt! Oldtimerfreunde lieben ihre Autos und sind nett, ehrlich und offen gegenüber interessierten Mitmenschen. Außerdem kennen sie sich zusätzlich zu ihren liebevoll aufbereiteten Vehikeln auch im deutschen Genussnetz links und rechts der Autobahn bestens aus. Wer mit maximal 80 bis 100 km/h übers liebe Land fährt, der sieht und findet Plätze, die den meisten anderen auf ihrer turboschnellen Durchfahrt glatt entgehen. Oldtimerfreunde in ihren besonderen automobilen Lebenswelten sind die besten Entschleunigungstouristiker und Restaurantexperten zwischen Sylt und Sizilien. Automobile Menschenfreunde mit exquisiter, lebensfroher Genuss-Sensorik. Beim heiligen Blechle so sehr wie bei den anderen weltlichen Genüssen, die Leib und Seele zusammenhalten.

Vokabeln *Gesagt* / Gemeint

Ich liebe mein Leben und meine Autos!

Ich liebe mein Leben und meine Autos!

An der Restaurierung dieses Wagens habe ich etwas länger gearbeitet.

Nach meinem Vater in zweiter Generation ... mein Sohn übernimmt den Rest, dann ist er sicher perfekt.

Exklusive Oldtimer sind meine wirklich große Leidenschaft.

Das bemerkten sogar meine Ehefrauen – selbst die vierte hat es gerade begriffen!

Ich habe gerade ein echtes Schnäppchen Baujahr 1929 entdeckt, in unverbasteltem Originalzustand. Günstig zu haben.

Ich habe gerade ein Mietshaus verkauft und eine echte Rarität erstanden. Erstklassiger Tausch!

Meine Rundenzeiten auf der Nordschleife werden immer schlechter – liegt wohl irgendwie am Alter!

Stimmt absolut. Je älter die gefahrenen Autos sind, desto weniger Leistung haben sie ...

Vielfahrer

Über 60 Prozent aller bei uns zugelassenen Autos sind Firmenwagen. Nur zur Info, Privatpilot oder Opa mit Hut! Drei Fünftel des Verkehrs vor Dir, hinter Dir und um Dich herum ist gewerblich. Häufig verantwortet von Vielfahrern, denen die automobile Lust dank zahlreicher Baustellen, unendlich vieler Geschwindigkeitsbeschränkungen und immer höherer Unterhaltskosten ihrer Fahrzeuge längst zur Last geworden ist. Trotzdem machen sie weiter mit. Dafür Danke. Auch im Namen der Automobilindustrie und der Mineralölkonzerne!

Vielfahrer, also gewerblich bewegte Automobilisten, sind die große Gruppe der Fahrprofis im Straßenverkehr. Erkennbar vor allem an ihren außen meist blitzsauberen und innen gut benutzten Vehikeln der deutschen und teilweise japanischen Mittel- bis Oberklasse. Und ebenso häufig an den mindestens sechs Punkten in Flensburg ... mit steigender Motorisierung auch gerne ein paar Pünktchen mehr. Auffällig unauffällige Verkehrsteilnehmer, die dank Bluetooth-Technologie längst nicht mehr mit dem Handy am Ohr auf der Autobahn Zickzack fahren und dabei Coffee to drive trinken. Vielfahrer sind das Rückgrat der Automobilindustrie und diverser Zusatzbranchen, so zum Beispiel der Hersteller von Radarwarngeräten, Polizeikellen und Anbietern von Rechtschutzversicherungen. Und all das nicht, weil sie für die meisten Sündenfälle im Verkehr zuständig wären, sondern schlicht und einfach, weil in einer so großen weißen Schafsherde schon ein paar Schwarze für ordentlich Quote sorgen.

... die dank Bluetooth-Technologie längst nicht mehr mit dem Handy am Ohr auf der Autobahn Zickzack fahren ..

Die große Mehrheit der Vielfahrer ist ebenso konzentriert wie diszipliniert im Straßenverkehr unterwegs, denn für sie heißt »Lappen weg« auch »Kohle weg«, und das geht gar nicht. Weder bei gelben Engeln noch bei Handelsvertretern im grauen Zwirn. Sie leiden im Straßenverkehr daher meist ohne zu klagen. Was aber noch viel wichtiger ist: Was sie durch den Straßenverkehr bewegen, funktioniert! Beste automobile Gebrauchsware mit vernünftiger Motorleistung und Komfortausstattung im Cockpit. Überwiegend Kombis mit reichlich Stauraum. Gefahren von Leuten, die sich mit so was auskennen. Die Lords of the road in ihren Out-of-home-Offices auf vier Rädern. Mehrere Millionen Testfahrer und Markenbotschafter der Automobilindustrie auf den rund 230.000 befahrbaren Streckenkilometern in Deutschland. Immer unterwegs, knabbern sie hinterm Steuer inzwischen gesundheitsfördernd Äpfel statt Schoko-Kekse.

Die Lords of the road in ihren Out-of-home-Offices auf vier Rädern.

Gemütsmenschen hinter dem Lenkrad. Die es längst aufgegeben haben, sich täglich über verstopfte Innenstädte, halbstündige Staumeldungen, unverdiente Punkte in Flensburg und zu hohe Spritpreise aufzuregen. Bringt eh nichts, der Rubel muss schließlich rollen. Und das geht nur, wenn sie unterwegs sind. Vielfahrer machen das Beste daraus, dass sie mindestens ein Viertel ihrer Lebenszeit im Auto verbringen. Das Beste ist für sie vor allem eine Frage der Ausstattung ihrer Autos. Da muss es für sie sprichwörtlich sitzen, es geht daher bereits mit einem perfekten Fahrersitz los. Und mit einer exquisiten Audio-Anlage weiter, die ist ihr Unterhaltungsmedium im mehr oder minder fließenden Verkehr. Vielfahrer hören nämlich gerne zu. Am liebsten – neben guter Radiomusik – bei erstklassig gesprochenen Hörbuch-Krimis.

Mensch und Maschine sind hier einfach zusammengewachsen. Extrem schwer zu trennen, nicht nur im Berufsalltag auf deutschen Straßen. Vielfahrer steigen selten und nur ungern aus ihren Autos aus. Die Familie merkt so was beispielsweise bei der Planung häuslicher Neubauten: Vielfahrer neigen beim Hauskauf oder -bau zum »Drive-in-Konzept«, d. h. freie Fahrt von der Straße bis vor die Wohnzimmercouch mit dem Fernseher. Geht doch. Genau wie Familienausflüge. Vielfahrer sind Fans vom Serengeti-Park und kurzen Wochenend-Trips mit Autofähren: *»Ich bleib so lange im Wagen, sind ja nur fünf Stunden Überfahrt.«* Sie wissen sich und anderen eben zu helfen. Und das republikweit als die fleißigsten unbezahlten Autotester, Pannenhelfer sowie Stau- und Radarfallenmelder auf allen Radio-Kanälen. Nützliche Verkehrsteilnehmer vor, hinter und neben all den anderen, mit denen sie sich die Straßen teilen ... müssen.

Vokabeln Gesagt / Gemeint

Ich habe in meinem Leben schon über eine Million Kilometer gefahren.

Ich habe in meinem Leben schon über 100 Punkte in Flensburg gesammelt. Aktuell sind es wieder 14!

Ich fahre immer noch gerne und mit Leidenschaft Auto.

Nachts zwischen drei und sechs Uhr ist die Bahn fast immer frei.

Ich rege mich seit Jahren immer seltener beim Autofahren auf.

Zumindest als gelegentlicher Mitfahrer bei Kollegen – solange ich hinten sitze und nichts sehe.

Abstandsmessungen und Blitzer zu Geschwindigkeitsmessungen gehören zu sinnvoller Verkehrssicherheitspädagogik.

Sch...dreckige Beutelschneiderei. Überflüssig wie Pickel am A...!

Ein gutes Auto bedeutet für mich mehr als starke Motorisierung.

Ein Auto ohne vernünftige Massagesitze und Multimedia-Vollausstattung ist für mich Kinderkram!

Techniker

Der Ingenieur light hinter dem Steuer. Von dem nur böse Zungen oder ahnungslose Zeitgenossen behaupten, ein gefühlter Mobilitätsingenieur hätte es besonders schwör. Alles Quatsch. Er ist im Straßenverkehr einfach nur so »made in germany« wie die technisch perfekten Premiumfahrzeuge, die er fährt. Ein richtig guter Typ! Er kennt die Verkehrsregeln nicht nur aus seiner Fahrschulzeit, er hat sie verinnerlicht – jede neue, die dazukommt, wird sofort gelernt und positiv angewendet. In und mit seinem Auto – Entschuldigung – Fahrzeug. Er ist der automobile Technikflüsterer im

deutschen Fahrerlager. Und dabei stets unfallfrei seit dem zweiten Führerscheinjahr unterwegs – im fast neuen, blitzeblank gewienerten Automobil seiner fachlich fundierten Wahl.

Er mag gepflegte Autos und den Fortschritt der automobilen Technik. Fast so sehr, wie die Automobilindustrie dafür ihn liebt. Er versteht was von Fahrzeugtechnik und Pflege, denn er bildet sich weiter. Ist doch keine Schande, im Gegenteil. Genau dafür schätzen ihn die Entwicklungsabteilungen der Hersteller sehr, denen er via Korrespondenz mit dem Technikvorstand gerne nützliche Produktverbesserungsvorschläge zukommen lässt. Zusätzlich ist er für Verlagshäuser von Special-Interest-Zeitschriften ein echter Aktivposten. Als kritischen Geist und Stammleser, der bei ihnen seit Jahrzehnten unterbrechungsfrei diverse Automagazin-Abonnements unterhält. Diese Magazine liest er nicht nur, er versorgt sie auch regelmäßig – jedes zweite Blatt, alle 10 bis 14 Tage – mit mehrseitigen, hochinformativen Leserbriefen zu seiner aktuellen Sicht der automobilen Dinge. Lern- und Sternstunden für die aus seiner Sicht zuweilen mäßig informierte oder oberflächlich recherchierende Journaille der Bewegtblech-Zunft.

Für ihn und seinesgleichen wurde das Auto als Meilenstein der Technik im Grunde erfunden. Und von mehr oder weniger themenkompetenten Ingenieuren stetig weiterentwickelt. Das weiß er überwiegend zu schätzen. Und belohnt die langjährige Herstellermarke seines Vertrauens – die seine technischen Verbesserungsvorschläge inzwischen recht ordentlich umsetzt – spätestens alle fünf Jahre mit Neuwagenkäufen in der Vierzig- bis Fünfzigtausend-Euro-Klasse. Neuwagen, die bei mittlerer Motorisierung – 150 bis 180 kW – sehr komplett sind. Insbesondere bei passiver und aktiver Verkehrs- und Insassensicherheit, reduziertem Kraftstoffverbrauch, medial unterstützenden Mobilitätsfeatures und Recyclingfähigkeit der Komponentenbaustoffe. Man achte auf die Reihenfolge! Die Sicherheit der anderen Verkehrsteilnehmer ist ihm so unverzichtbar wichtig wie seine eigene. Hauptsache technisch weiterentwickelt und damit State of the Art. Dicht darauf folgt die offensiv ausgelebte Nachhaltigkeit bei der Mobilität auf seiner Zubehörliste. Ein Techniker hat, das ist der Unterschied zu anderen Autobegeisterten, eben kein simples Benzin im Blut. Sondern motor- und verbrauchsoptimierten Bio-Feinpower-Hydrobasis-Marken-Kraftstoff. Nur recht und billig für wahre Kenner fortschrittlichster deutscher Automobilität. Die dabei was von Fahrspaß verstehen. Natürlich im Rahmen der gesetzlichen Geschwindigkeitsvorgaben. Techniker sind häufig Fleisch gewordene Vorbilder im bewegten wie im ruhenden Straßenverkehr. Sehr schön.

Man achte auf die Reihenfolge!

Und dabei alles andere als Langweiler. Obwohl ein Techniker keine PS unter der Motorhaube hat, weiß selbst er die von ihm stattdessen bewegte Kilowatt-Motorleistung zuweilen hemmungslos zu benutzen. Dann fährt er sich so richtig die Rest-Sau, Verzeihung, den sorgsam aufgehobenen Fahrspaß aus dem Leib. Er pilotiert dazu seinen Wagen auf den in seine heimische Garage eingebauten Rollen-Prüfstand. Sodann schließt er das Garagentor des schallisolieren Anbaus leise von innen, schiebt »Born to be wild« von Steppenwolf in die ein Drittel aufgeregelte Audioanlage ... und drückt voll aufs Gaspedal. Bis das Prüfstands-Messgerät 201 km/h anzeigt. Was für ein ungezügeltes Abenteuer, fünf Minuten lang Vollgas in der Garage! Ein erhebendes Gefühl, völlig verkehrsgefährdungsfrei. Perfekt! Danach geht's rein in die gute Stube. Die Gattin wartet schon mit dem warmen Abendessen. Und einem kühlen alkoholfreien Bier!

Techniker sind erstklassige Automobilisten und Ehemänner – made in Germany!

Vokabeln *Gesagt* / Gemeint

Das Ingenieurswesen der Automobilindustrie ist längst nicht so weit, wie es sein könnte.

Ich bin ein Star, ich will und gehöre da rein!

Immerhin sind deutsche Autos nicht ganz grundlos an der Weltspitze!

Gut, dass es mich als Korrespondenz führenden Ratgeber gibt!

Autos sind dann und wann mehr als Karosserien, Getriebe und ein Motor.

Erst, wenn der richtige Fahrer hinter dem Steuer sitzt, sind Autos etwas Erstklassiges.

Nicht jeder ist zum Autofahrer geschaffen, wenige sind dazu geboren.

Ich bin ein Auto-Gott!

Es gibt viel zu viele unqualifizierte, schlecht ausgebildete Autofahrer und -fahrerinnen auf deutschen Straßen!

Das tut so weh, jeder gefahrene Kilometer zwischen all den zig Millionen Fahr-Amateuren!

Abenteurer

Mitte 40 bis Ende 50, Intellektuelle in zweiter bis vierter Ehe, Drei-Tage-Bart, Outdoor-Klamotten und ein richtig dicker SUV ohne Schnickschnack. So und selten anders identifiziert man sie, auch im Straßenverkehr. Die gut situierten unangepassten Expeditionsexperten auf dem deutschen Flüsterasphalt. Die sich über Schlaglöcher nach einem strengen Winter nicht ärgern, sondern sie in ihren Internet-Communities als Streckentipps für entspanntes Fahren weitergeben. Genau wie Äcker, Wiesen und Wälder, auf bzw. in denen Geocacher, Free-Camper oder Wildschweine ihr Unwesen getrieben haben. Für sie die ultimativen Hotspots im Verkehrserleben. Selbst Autobahnbaustellen werden von ihnen nicht verschmäht. Wobei sie sich fahrtechnisch natürlich auf den abgesperrten Baustellenbereich konzentrieren – da kommt man locker mit 140 Stukkies durch, und geblitzt wird schließlich nur auf den befestigten und offiziell befahrbaren Baustellenstrecken mit der 80-km/h-Begrenzung. Womit wohl klar wäre, dass inzwischen fast ein Drittel der unbewohnten deutschen Landflächen für automobile Abenteurer erstklassige Pisten und Verkehrsflächen bieten.

Sie sind halt ziemlich dauercoole Typen mit einer ganz eigenen Lebensphilosophie. Freigeister hinter dem Steuer, die selbst bei ihren Ausflügen in die Innenstädte gerne das machen, was für sie gut ist. Was nicht passt, wird dann eben passend gemacht. Bordsteinkanten von 30 cm Höhe schrecken sie dabei nicht ab. Und moderne Schranken haben nicht nur in Parkhäusern inzwischen Sollbruchstellen, die ihnen die teuren Parkgebühren ersparen. *»Wenn der neue Titan-Kuhfänger so eine Spaß-Schranke nicht schafft, taugt er wirklich nichts!«* Mit einer halbwegs vernünftigen Seilwinde bekommen sie zudem jedes Halteverbotsschild in weniger als zehn Sekunden Arbeitszeit rückstandsfrei beseitigt – so schaffen sich Abenteurer nützlichen innerstädtischen Parkraum für ihre hochmodernen Pickups, Pinzgauer, Hummer oder Unimogs im klassisch schlichten Armee-Trimm. *»Hoffentlich ist der Smart, der da falsch geparkt hatte, nicht unter meiner Vorderachse hängengeblieben und hat sich am Differenzial verkantet!«*

»Wenn der neue Titan-Kuhfänger so eine Spaß-Schranke nicht schafft, taugt er wirklich nichts!«

Wie dem auch sei, die stetig steigenden Altmetallpreise für den Schilderabfall oder überfahrene Kleinwagen sind schließlich auch nicht zu verachten, oder?! Zumal dieser Beifang dank Minikran im Heckabteil schnell aufgeladen ist und der nächste Schrotthändler sich direkt mitfreut. Auch Kleinvieh macht ertragreichen Mist, trägt ja irgendwie alles zur Senkung der Betriebskosten bei. Schließlich verbraucht der Geländepanzer auf 100 Kilometer gut und gerne 40 Liter ... irgendwo muss die Kohle dafür ja herkommen. Der eigene Job als Psychotherapeut mit dem Arbeitsschwerpunkt »Anti-Aggressions-Therapien« liefert bei einigen dieser Abenteurer ja leider nur noch das Grundeinkommen zur Absicherung der Hypotheken für den teilgewerblich mitgenutzten City-Loft und den familieneigenen Entspannungs-Bauernhof auf dem Lande. Dort sind die Abenteurer des Straßenverkehrs dann übrigens ziemlich tiefenentspannt: als Rudelführer von spannenden Patchwork-Familien – gemeinsam mit sechs Schafen, einem Hochlandrind, achtundzwanzig Hühnern, einer aktuellen und einer Ex-Ehefrau plus fünf mehr oder minder gemeinsamen Kindern. Es geht doch nichts über ein ausgeglichenes Leben ... so lange nicht die Tour zum Bioladen ruft und nur der SUV startbereit mit noch halbvollem Tank vor der Türe steht.

Schließlich verbraucht der Geländepanzer auf 100 Kilometer gut und gerne 40 Liter ...

Vokabeln Gesagt / Gemeint

Freiheit und Abenteuer sind mein Leben – beim automobilen Ritt durchs Gelände kann ich erstklassig abschalten.

Nichts geht über entspannt gelebte Schizophrenie – Heiler und gleichzeitig Kleintier- sowie Grünzeugkiller, wunderbar!

Ich lebe gerade als SUV-Fahrer in völligem Einklang von Zivilisation und unberührter Natur.

Was heute am innerstädtischen Straßenrand überfahren wird, ist morgen eine feine Mahlzeit am Lagerfeuer. Miau!

Für mich ist Autofahren kein Selbstzweck, sondern dient lediglich der Fortbewegung und dem Lastentransport.

Deshalb bin ich ja Kurzstreckenoptimierer, d. h. ich hole aus 20 Straßenkilometern locker 50 Geländekilometer raus.

Als echter Abenteurer verstehe ich eine ganze Menge von automobiler Technik und schraube sehr viel selbst!

Ich beherrsche den Notruf bei meinem Automobilclub und schraube, bis die dann da sind und mir helfen, schon mal ein bis zwei Pullen Discounter-Pils für mich auf!

Ich bin ein ziemlich cooler, unangepasster Typ – auf allen Pisten.

Findet auch mein Spiegelbild und nickt zustimmend!

Sonntagsfahrer

Autofahren, oder besser entschleunigte Mobilität, ist ihr zentrales Leistungsmerkmal. Und ein Hut dabei häufig der Rennfahrerhelm-Ersatz. Männer, die das Autofahren zu einer Zeit erlernt beziehungsweise sich weitgehend selbst beigebracht haben, da die Reichsautobahnen gerade der jungen Demokratie überantwortet worden waren. Das war für viele Menschen anfangs eine schlechte Zeit. Nicht wegen der Demokratie, sondern vielmehr wegen Not und Mangel in jenen Jahren. Wer da also bereits automobile Erfahrungen sammeln konnte, der war was! Und er blieb es auch – über Jahrzehnte – bis in unsere Tage. Mittlerweile verstehen sie sich aber längst nicht mehr als Fahranfänger, sondern als von der Automobilindustrie und ihren Marketingexperten hoch geschätzte »Best aged senior professional car driver«.

Denn nicht nur, dass ihre Rente wirklich noch sicher ist – sie sind auch immer noch mobil. Autofahren können sie. Und es sich auch leisten. Einen Sonntagsfahrer stört es daher nicht, wenn er zwischen zwölf Grünphasen an der Innenstadtampel mittags um 11 Uhr mal mit laufendem Motor ein halbstündiges Nickerchen hinter dem Steuer hält. Denn nach dem Wachwerden kann er mit allen anderen Verkehrsteilnehmer fröhlich um die Wette hupen. Er kann ja mit der Huperei nicht gemeint sein! Wer über sechzig Jahre den Führerschein hat, der bekommt nicht nur Glückwünsche von ADAC oder AVD und jährliche Geburtstagsgrüße vom Bundespräsidenten, der kann und darf fast alles auf deutschen Straßen. Man hat sie ja nicht grundlos ein Leben lang mitfinanziert. Da ist selbstbewusstes Vertrauen in die eigene autofahrerische Leistungsfähigkeit, ein gottgegebenes Grundrecht – bis zum biologischen Ende!

Versierte Staubildung auf Bundesautobahnen durch Fahren auf der linken Spur mit 73 km/h – alles ganz wie früher – wie auch die Umwidmung von Einbahnstraßen zu für sie gegenverkehrsfähigen Abkürzungsstrecken sind ihre Königsdisziplinen. Genau wie halbstündige tiefenentspannte Einparkübungen in 10 x 4 Meter enge Parkbuchten. Das Restleben ist schließlich zu wertvoll wie auch zu kurz, um im Straßenverkehr zu hetzen. Beziehungsweise sich zeitlich noch mit dem Erlernen neumodischer Verkehrsregeln zu belasten: *»Das ist was für junge Fahranfänger«*. Oder sich gar von Verkehrshektikern drängeln zu lassen. Geht doch prima. Also Augen geradeaus und weiter so, jede unnötige Kopfdrehung schmerzt Sonntagsfahrer im Alter eh ungemein. Muss nicht sein. Die jungen – also unter fünfundsiebzigjährigen – Autofahrer heutzutage können auch mal etwas Rücksicht nehmen ... kann ja jeder leicht erkennen, dass hier echte Langzeitkönner unterwegs sind. Am Wackeldackel auf der Hutablage und dem riesengroßen »D«-Schild auf dem Kofferraumdeckel.

»Das ist was für junge Fahranfänger«

Selbst das heimische Garagentor zuckt jedes Mal ebenso zusammen wie die beiden Außenspiegel, wenn ein Sonntagsfahrer von seinen Exkursionen aus dem Umland zurückkehrt. Immer wieder ein schmerzhaftes Aufeinandertreffen. Autospiegel gab es früher maximal einen kleinen auf der Fahrerseite. Und die Garage muss im Laufe der langen Jahre irgendwie geschrumpft sein, ist ja auch schon eine ziemlich alte Hütte. Einem Sonntagsfahrer macht das nichts aus. Denn spätestens in fünf Jahren steht ohnehin der nächste flotte Neuwagen in der Garage. Diesmal aber mit richtig nützlichem Zubehör: Einem eingebauten Garagentor-Airbag oder automatischen sensorgesteuerten einklappbaren Außenspiegeln. Mögen die Garagen auch geschrumpft sein, den Fortschritt der Technik halten sie so nicht auf. Und die Autoindustrie soll schließlich auch was von der Rente abbekommen. Ein guter Mann!

Einem Sonntagsfahrer macht das nichts aus.

Der Neuwagenkauf ist für jeden Sonntagsfahrer wie ein neues Bi-Titan-Hüftgelenk und – im Unterschied zu einer neuen Brille, der Altersnutzen von modernen Sehhilfen wird sowieso überschätzt – deshalb immer etwas Besonderes. Das ist Mobilitäts-Viagra für die altersmüden Autofahrer-Arme und -Beine. Er zelebriert es entsprechend. Und bringt zu den Kaufverhandlungen ins Autohaus zwei dicke Aktenordner mit. In der einen Akte sind fein säuberlich die Hauptkataloge und Kaufverträge all seiner Autos seit 1953 abgeheftet. In der anderen befindet sich eine markenübergreife Übersicht aktueller seniorengerechter Autos sowie die zwischenzeitlich vorliegenden 40 Händlerangebote seiner daraus in die engere Wahl genommenen fünf Neufahrzeug-Favoriten.Versierte langjährige Verkäu-

ferfüchse nutzen, sobald ein Sonntagsfahrer mit dieser Bewaffnung im Autohaus einschlägt, den im Grunde ja noch schönen Tag. Und nehmen sich jetzt frei. *»Die junge Kollegin hat diese Woche erst zwei kleine Vorführwagen verkauft, soll die das machen!«* Weniger schlaue oder hypothekenbelastete Autoverkäufer wittern altersschwache Beute und greifen an. Der Sonntagsfahrer freut sich darüber. Endlich ein aufmerksamer Verkaufsprofi, der sich sicher Zeit nimmt ... Sechs Stunden später lupft er dankend sein Hütchen, der neue Wagen ist gekauft! Ging doch schnell, an nur einem Tag. Barpreis mit 42% Rabatt ausgehandelt, die sieben Prozent Zusatznachlass für den spät gezückten Schwerbehindertenausweis noch nicht mitgerechnet. Und ein sehr müder Spitzenverkäufer mit akutem Therapiebedarf lässt sich keuchend in seinen Autohaus-Sessel fallen. Heute hat er drei potenzielle Großlimousinen-Kunden an Verkäuferkollegen verloren. Und dafür bei einer 23.000-Euro-Brutto-Kutsche 0,15% verbliebene Restprovision – nach Abzug der Rabatte – verdient. Satte neun Euro Profit, klasse Tagesleistung!

Sechs Stunden später lupft er dankend sein Hütchen, der neue Wagen ist gekauft!

So sind sie, die Sonntagsfahrer mit und ohne Hut. Hauptsache, sie bleiben fit und mobil bis ins wirklich hohe Alter ... ab 105 Lebensjahren aufwärts!

Vokabeln *Gesagt* / Gemeint
Die Ampel war doch Rot, ich musste halten.
Kreisverkehr? Kenne ich nicht – da halte ich lieber schon vor dem Einfahren
Ich brauche weder Belehrungen noch eine Nachschulung!
Ich fahre immerhin schon seit 63 Jahren führerscheinfrei!
Lernen Sie mal erst, vernünftig Auto zu fahren.
Wenn es bei Ihnen klappt, versuche ich es vielleicht auch.
Ich sollte wohl doch mal einen Sehtest machen.
Wenn ich wieder was sehe, finde ich vielleicht ja sogar mein Hörgerät.
Nein, ich bin nicht nachtblind, Herr Schutzmann.
Falsch geraten, Du Anfänger, ich bin besoffen!

Schrauber

Der handwerklich begabte Teil der deutschen Autofahrer hat seine eigenhändig Fahrzeug verschönernde Kreativität – insbesondere in jungen Jahren besonders großen Einfallsreichtums – stets ausgelebt. Und muss sich dafür vor schlichten, handwerklich meist deutlich weniger begabten Fertigfahrzeug-Käufern, egal ob jung oder alt, weder schämen noch sich

vor ihnen mit den entsprechend selbstgemachten Kreativ-Einzelstücken verstecken! Wir waren schließlich alle mal jung und brauchten zumindest da deutlich sichtbares Autozubehör. Die einen mehr, die anderen eben etwas weniger. Schicke breite Alufelgen in handgedengelten Radkästen sind also ebenso wenig ein Grund, die Augenbraue zu lupfen, wie ein ordentliches Soundsystem im gut gebrauchten Individualfahrzeug eines leidenschaftlichen Schraubers. Oder eben die für unverzichtbare fünfzig Zusatz-Pferdestärken eigenhändig in mühevoller, tagelanger Arbeit mit Präzisionswerkzeugen und erstklassigen Zubehör-Rohstoffen durch Erhöhung des Mitteldrucks, des Hubraumvolumens oder der Drehzahl herbeigeführte Leistungssteigerung des Motors.

All das half und hilft zum Teil heute unverändert im Straßenverkehr beim Überholvorgang, dem maximalen Fahrspaß oder der mobilen Balz. Im Balzfall ganz klassisch als automobile Hilfsmaßnahme zur Arterhaltung. Und damit völlig im Einklang mit und im Sinne der politischen Rentenplanungen und der inzwischen notwendigerweise ambitionierten Familienpolitik in unserem Lande. So weit klar und hoffentlich von jedermann verstanden.

Schrauber von heute sind außerdem die Autoingenieure und Recyclingexperten von morgen. Denn sie gehen ihren Autos höchstpersönlich und mit viel handwerklichem Können auf den Grund und an den gebrauchten Kragen. Mit Schraubenziehern, Ratschenkasten, Lötzange, Drehmomentschlüsseln, Trennschleifer, Schweißgerät und manchmal auch Blechschere. *»Aus alt mach neu – aber mach es selbst«*, ist ihre Devise. Da wird so gut wie nichts weggeworfen, sondern fast alles aufgehoben, aufgearbeitet und an anderer Stelle wieder kreativ verbaut. Die ursprünglichen 50-PS-Motörchen von Kleinwagen, den bevorzugten Umbauvehikeln vieler Jung-Schrauber, landen deshalb selten auf dem Schrotthaufen, sondern bieten die nützliche Basis zum Beispiel für den fahrzeugeigenen Zusatzgenerator zum Betrieb der neuen Hochleistungs-Stereoanlage oder – etwas verspielter – einer schicken Onboard-Fun-Laser-Beleuchtung.

Wahre Künstler und Meister ...

Darauf muss man erst mal kommen! Richtige Schrauber können aber nicht nur die klassischen Disziplinen Tief – Breit – Hart, sie sind auch echte Umwidmungsfachleute mit kostensparenden Expertengenen. Wahre Künstler und Meister der budgetbedingten Kreativ-Improvisation am und im Auto. Die stolz darauf sind, ein nach der Fertigstellung sehr vorzeigbares und in ihren Kreisen zudem höchst anerkanntes Ergebnis einer Arbeit zu pilotieren, die sie mit ihren Möglichkeiten und ihrem Detailwissen – die meisten Schrauber haben sich auf eine, auf »ihre« Marke und da auch auf ein ganz bestimmtes Modell festgelegt und sich dessen Weiterentwicklung verschrieben – selbst ausgeführt haben. Die wollen nicht nur spielen, die können es auch. Halt mit Metallen, Elektronik, Glasfieber-Kunststoffen und umweltfreundlichen Autolacken mit und ohne Lotus- bzw. Perleffekten. Liebe, nette Kerle – und immer häufiger auch Mädels – im Ölflecktarn-Blaumann, die ihre Freizeit eben lieber in

Werkstattgaragen und bei Marken- und Modelltreffen mit Gleichgesinnten statt vor dem Computer oder im Fitness-Studio verbringen. Und die im richtigen Leben, insbesondere im bewegten Straßenverkehr, ansonsten so unauffällig sind wie Du und ich. Vielleicht nicht ganz, denn sie sind bei Autopannen anderer Verkehrsteilnehmer so gut wie immer die Ersten, die helfen. Und das manchmal auch noch derart perfekt, dass der etwas später anreisende offizielle Pannenhelfer verwundert den Kopf schüttelt: Alles schon erledigt, d. h. Panne so perfekt wie dauerhaft behoben ... und gleichzeitig noch ganz nebenbei – und kostenlos! – beim Pannenfahrzeug den seit einem halben Jahr defekten Fensterheber repariert. Das können und machen halt nur Schrauber, die Autoexperten und stets hilfsbereiten Autoflüsterer im stehenden und fließenden Verkehr im Lande.

Vokabeln *Gesagt* / Gemeint

Leih mir mal die Flex für drei Stunden.

Heute ist so saugeiles Cabrio-Wetter ...

Ich habe da eine hammerharte Farbe neu gemischt. Warte mal ab, was die an erstklassigen Effekten bietet.

Insbesondere am Einsatzwagen der Grünlinge, die letzte Woche bei einer Kontrolle meine ABEs verworfen haben!

Ich baue Dir ein Auto ... so wie im Märchen!

Make my day, Prinzessin – hier und jetzt!

Wenn ich das will, hat Dein Auto nächste Woche mindestens drei Achsen und 500 PS. Wetten?!

Wette bloß nicht! Wär nicht der erste Polo, der danach mit Kettenantrieb und »Y«-Kennzeichen zum Militär musste.

Brauchst Du die ganzen alten Metallteile, den Elektroschrott und den Satz Alu-Felgen noch, oder kann ich das Zeug haben?

Eindeutig zu wenig Material zum Einsatz in der bemannten Raumfahrt. Aber schon reichlich und gut genug für ein baldiges Rennen auf der Nordschleife.

TunerER

Die richtig harten und ziemlich verstrahlten Typen. So eine Art Mutation ihrer harmlosen Artverwandten, der Schrauber. Ohne TunerER hätten sowohl Teilbereiche der Zubehörbranche wie auch der Gebrauchtwagenmarkt für fünfzehn bis fünfundzwanzig Jahre alte leistungsgesteigerte Mittelklasse-Fahrzeuge ein echtes Problem. Es gäbe all das nämlich nicht mehr. Erinnerungsfreie Vergangenheit statt Lach- und Sachgeschichten mit ein paar wirklich guten Brüllern auf deutschen Straßen. Der TunerER – und das ist unabhängig von seinem Werdegang – ist in jedem Fall ein ganz spezielles Kaliber. Einfach hart drauf. Stilistisch. Voll krass geile Typen! Mit PS wenn schon nicht unbedingt im Blut sondern, gute Durchblutung landet ja nicht bei jedem im Oberstübchen, also sagen wir mal »im oder unter dem Hintern«. Und da wirklich die volle Ladung. Heavy Metal in der sehr rohen, unbearbeiteten Version. Außen wie innen in und am Auto. Für TunerER gibt es kein »Geht nicht!« Mit ihm und seinem Auto geht alles. Und das kann jeder sehen. *»Was guckst Du?«* ist für ihn schon beim kritischen Blick des Bankberaters auf sein bis zum Anschlag überzogenes Konto vor der nächsten Kfz-Verschönerungsattacke eine wichtige Frage.

»Guckst Du besser nicht!« gilt daher für kritische Bankberater ebenso wie für das mobile Begleitvolk um ihn herum. Schönheit liegt bekanntlich im Auge des Betrachters. Und der TunerER hat öfter große Augen. Zum Beispiel, wenn die neuen Angebote seines Lieblings-Zubehördealers kommen. Viele Bilder, gerne inklusive auf Spoilerkits drapierten Models, mehr oder weniger barbusig. Und wenig Text, bis auf die Preise und komplex formulierte Ratenzahlungsbedingungen. Voll Gucken »tut« er ebenfalls, wenn neben ihm an der Ampel etwas zum Stehen kommt, was noch breiter und tiefer gelegt ist. Und ihm dabei neue, bis dato unbekannte Lack-Farbwelten präsentiert. Das macht ihm schlechte Laune. Da tritt er die eigenen Flügeltüren beim Aussteigen auch schon mal zur Seite hin auf, statt sie wie gewohnt und zudem deutlich kostengünstiger hochzuklappen, bevor er das Konkurrenzobjekt hektisch umkreist.

So ein Brunft-Konkurrent verlangt nach einer passenden Antwort, spätestens bis zum übernächsten Ampelmeeting am Verkehrsknotenpunkt direkt neben der Fastfood-Spitzengastronomie. Also neue violette Kunstlederkopfstützen in Big-Boobs-Optik bestellen und die alten Alus direkt mal gegen neue 37-Zöller mit Achtfarb-Lackierung austauschen. Stoßdämpfer zudem ganz raus! Die Karre wird ab sofort mit ultraflachen Maxi-Rasierklingen stoßgedämpft! Das passt perfekt zum Typ und bringt dabei unten rum noch mal gut und gerne nullkommaacht Zentimeter Bodenunfreiheit. Damit der TunerER endlich selbst streichzarte Hundeexkremente, die aus Versehen vom Gehweg in seine Fahrspur gerutscht sind, voll bis ins Lenkrad spürt. Im besten Wortsinn sch...egal, er steht halt drauf! Bis es zur nächsten HU geht – wenn nicht schon vorher eine rote Kelle winkt. Dann heißt es für ihn »reset« – alles raus. Und zwar der komplette Pfauen-Plunder, den die Straßenverkehrsordnung nicht vorsieht und daher schlicht verbietet.

Für einen echten TunerER kein Problem von Dauer. Denn er vergisst relativ schnell. Und fängt wieder von vorne an. Diesmal aber erst ganz harmlos und vor allem auch unauffällig: Mit einer frisch importierten US-amerikanischen Blaulichtleiste auf dem Dach – inklusive eingebautem Außenlautsprecher mit 6000 Watt Nennleistung. Passt auf jedes Mittelklasse-Dach bis Baujahr 1994, und beim fast baugleichen Cabrio sogar bis zum Modellwechsel im Frühjahr 98!

Vokabeln Gesagt / Gemeint

Guck nicht so blöd, sonst hast Du gleich Problem.

Gib schon voll fetten Stempel, Du TÜV-Opfer.

Ich kann machen, dass die Polizei mein Auto stilllegt.

Toll!

Keine Panik, die Reifen halten. Sind locker bis 240 Stukkies zugelassen

Vier Notreifen, jeder bis zu 60 km/h Höchstgeschwindigkeit, reicht dicke!

Ich tank jetzt immer die doppelte Menge E 10!

Ist echt gut für den Cholesterinwert vom Motor.

Ich weiß, wie Dein Auto selbst ohne Tuning 120 PS mehr auf den Asphalt bringt.

Ist schon erledigt, die Karre wird ja gerade abgeschleppt.

So ein perfekter Wagen hat doch sicher auch eine Diebstahlsicherung, oder?

Klar: Farbe, Form, Fahrwerk und Fahrer. Besser als jede Alarmanlage – die Karre klaut keiner, der noch was sieht.

War da nicht noch was? Na klar: natürlich die Verkehrs-Spitzenpolitiker als Autofahrer. Die mit Abstand spannendsten Autofahrer überhaupt im Lande. Ökologisch einwandfrei und fraktionsübergreifend beherrschen sie ein ganz besonderes Kunststück: Sie lenken ihre Dienstfahrzeuge mit höchster Themenkompetenz tiefenentspannt und verkehrsregelbefreit aus der zweiten Sitzreihe. Mehr geht nicht. Auto-Deutschland sagt dafür täglich Danke!

Der Deutschen liebstes Kind – Ein Blick auf den Schulhof

Der Deutschen liebstes Kind

Pisa-Studien hin oder her, Deutschland bleibt das Land der Dichter und Denker. Und natürlich auch der Tüftler, Ingenieure und automobilen Feingeister. Basta. Mag China auch mehr Platz und potenzielle Autohalter haben, soll Amerika ruhig weiter zwanzigspurige Highways für seine Schlittenparaden bauen und Indien gerne mit Ochsenkarren und Elefantengespannen die beispielgebend umweltfreundlichste nachhaltige Mobilität generieren. Wo wir sind, ist das Auto schlicht zu Hause und ganz oben auf der Aufmerksamkeitsleiter. Egal ob mit oder ohne Migrationshintergrund.

Völlig normal also, das sich bei uns Autos von der Wiege bis zur Bahre nicht nur weiterentwickeln, sondern lebenslang die liebsten Kinder bleiben. Von uns liebevoll aufgezogen, bestens ausgestattet und als Familienmitglieder unterstützt. Bis hin zur altersunabhängigen Voll-Pflege. Der automobile deutsche Schulhof endet daher längst nicht mit den Abitursklassen oder dem Staatsexamen ... Autos in Deutschland bleiben lebenslang die geliebten Blech- und Verbundwerkstoff-Kinder, auf die wir mächtig stolz sind. Und in deren Werdegang wir permanent investieren. Das wahre Generationenmodell des wechselseitigen Nutzens – Geben und Nehmen! Von der Vorschulgruppe über Grund-, Mittel- und Oberstufe bis zur wirklich hohen Schule.

Hier nun also der zufriedene Blick auf die Spielplätze, Schulhöfe und den großen Campus unseres Nach- und Mitwuchses der geliebten Automobilität.

Kindergarten, Vor- und Grundschule

Aller Anfang ist schön und gar nicht so schwer

Minicars, Kleinwagen- und Kompakte: *die Ganz-klein- bis Fast-groß-Fraktion auf deutschen Straßen. Die fahren ja schon sooo gerne, wenn auch nicht mit jedem oder besonders vielen.*

Vom ersten Start-Tag an, alles kleine, individuelle Auto-Persönlichkeiten. Mit zum Teil früh erkennbar vorgezeichneten Charakteren. Schon im motorisierten Kindergarten beziehungsweise der Vorschulgruppe. Von den unscheinbarunauffälligen Kleinst-Normalos über die Cleveren und Selbstsicheren bis hin zu den schon auf Klein-Reifen mutigen bis vorwitzigen Hau-Druffs. Hier zeigt sich, wer lieber im sicheren Innenstadt-Sandkasten seine ersten Runden dreht, oder wer sich – mit ordentlich PS unter dem kleinen Häubchen – direkt auf die hohe Rutsche weiter Landstraßenstrecken wagt und von da munter krajolend, glucksend oder einfach schon ganz souverän mit breitem Grinsen den schnellen Weg wählt. Alles da. Die ganze Bandbreite der miniaturflotten Einstiegsmobilität ...

Da sind zunächst mal die aus erkennbar gutem und bekanntem Markenhause. Die tragen schon ab frühsten Kleinreifen vieles von dem in den automobilen Kindergarten, was ihre großen Geschwister auch lebenslang dabeihaben. Unter der Haube und im Innenräumchen: Vollausstattung auf der Grundfläche von Tischtennisplatten. Selbstbewusste kleine Dressgirls und boys mit Grundausstattungen ab 10 Riesen und, wenn das Zubehörtäschchen von den investitionsbereiten

Fahreltern so richtig picke-packe-voll optiert wurde, bis knapp unter die Zwanzigtausender-Schwelle. Zwar ohne Flatscreen-Navi-Bildschirm im Bäuchlein, aber dafür gerne schon mit Designerleder am Balg und sangesertüchtigender Multimedia-Ausstattung in Konzertsaal-Qualität.

Die fächern sich natürlich keine Frischluft durch Fensterkurbeln mehr zu, sondern lassen sich technisch via Klimazonen-Automatik frisch bewinden. Und auch im Motorraum ist alles schon perfekt wie bei den Großen: Volle Leistung und PS satt – natürlich fürs gute Gewissen zusätzlich mit Start-Stopp-Automatik und in Leichtbauweise. Wenn die sich mal mit anderen Mini-Flitzern fetzen oder rempeln, brauchen meist die anderen die Pflaster – kompletter Sicherheitsausstattung inklusive Front- und Popo-Airbags sei Dank. Die spielen vergleichstestend nicht mit jedem und bleiben auf dem Spielplatz gerne unter sich. Der Genpool der Edel-Hosenmatze der Cityflitzerklasse will es eben so ... Kleine Feinbüchsen mit bequemen zwei Sitzplätzchen und Platz für zusätzliche drei bis vier Einkaufstüten, gemacht für solvente Fahranfänger und Auto-Muttis, die ihren schicken automobilen Nachwuchs gerne beim Shoppen mit in den Schuhladen reinnehmen würden. Up der ersten Zündschlüsseldrehung, lieber Adam. In Mini-Qualität, nur Fortwo, ist Ka!

Die Alternative der flächenkleinsten Vernunft hat dafür etwas andere Qualitäten. Schon beim Preis. Kleine, nicht minder kesse Innenstadt-Hüpfer. Die aber auch sehr sicher um die Spielplatzkurven des Straßennetzes kommen und sich in ihrer Klasse durch Budget schonende Komplettausstat-

tung beliebt machen. Langweilig sind die auch nicht, aber halt sehr normal. Kontaktfreudige, sozialkompetente Jungspunde mit meist asiatischem oder mediterranem Migrationshintergrund. Deren Herstellerfamilien aber schon seit Generationen bei uns zu Hause sind. Hier finden sich wahlweise die besonders kessen oder extrem praktischen Youngster im VS-Format. VS = very small. Meist besonders farbenfröhliche, flitzaktive kleine Fahrgesellen, die es sehr vielen gut und recht machen. Unkompliziert, beliebt und bei Geschwindigkeiten zwischen 1 und 140 Stukkies auf Tagesstrecken – von am liebsten nicht mehr als 100 Kilometern – besonders gut zu gebrauchen.

Von wegen Lückenbüßer: echte Lückenfinder! Und dabei oft sogar kleine Raumwunder, in die – vorausgesetzt, das Bedien- und Fahrpersonal ist allein unterwegs – bis zu 165 Schuhkartons und ein Latte macchiato to drive reinpassen. Schuhkartons der Schuhgrößen 38 bis maximal 42 natürlich. Männer-Kleinwagen sehen anders aus. Aber das stört diese City-Frautos überhaupt nicht, sie werden schließlich auch viel lieber weiblich sensibel bedient – und haben dafür klug vorgesorgt: Motoren über 70 oder 80 PS kommen hier gar nicht erst rein. Dafür aber ein halbes Dutzend zusätzlicher Ablagefächer als sinnvolle Mehrfach-Handtaschen-Ergänzung. Ebenfalls richtig beliebt bei diesen Einstiegs-Flitzerchen: Open Air. Entweder mechanisch und damit handfaltbar textil bespannt oder voll verglast. Gute Rundumsicht ist schließlich fahrsicherheitsrelevant. Man weiß ja nie, was gerade von oben kommt. Es könnte ja für die flotte Insässin mal rote Rosen regnen. Yes, she can! Die süße kleine Vorschulbüchse für kluge Jungmädels und selbstsichere Fahrfrauen von Welt. Die noch nicht Polo spielen und stattdessen sinologisch sinnvoll mit Aygo, i30 oder reichlich iQ in der automobilen Krabbelgruppe unterwegs sind. Falls sie es nicht mediterraner angehen lassen. Und sich für Twingo und Co. die vollen 500 Panda-Punkte holen. Kleiner wohnen und vernünftig fahrspaßig unterwegs. Der automobilen Krabbelgruppe sei Dank!

Neben den kleinsten der Kleinen schuf Gott natürlich die Mittelkleinen. Hat er ebenfalls prima hinbekommen. Meist vermittels etwas mehr Leistung unter der Haube und einer zweiten, bei einigen dieser Youngsters in unendlicher Vielfalt teil- und umklappbaren Zusatz-Sitzreihe. Danke, Schöpfer. Auch für die zwei Türen extra! So lassen sich hinten nämlich prima – in wertungsfreier Reihenfolge – Hund, Katze, Kind mit verklappen. Raumwunder auf dem automobilen Vorschulhof. Auch hier wieder mit Klassenbesten, wie zuvor bei den Minicars beschrieben. Alles, was deutsche Wurzeln hat, tritt hier mutmaßlich einen Tick feudaler und, mehr oder minder

gefühlt, auch in der Technik verfeinert auf. Die Jungspunde aus Near, Middel und Far East machen es dafür überwiegend preisgünstig komplett.

Wer bei den Kleinwagen unbedingt deutsch fahren will, der nimmt für den kleinen Luxus für unterwegs eben ein paar tausend Euro mehr von der hohen Kante oder seinem Bankberater. Gute Gründe gibt es schließlich genug: Vor allem die besonders einprägsamen Markennamen mit langer Herstellertradition und sicherem Neidfaktor unter den Nachbarhalterinnen und -haltern des mittleren Klein-Fahr-Blechs. Extrem wichtig! Aber natürlich auch die allerneueste Technologie und hochwertige Zusatzausstattung für gutes Zusatzausstattungsgeld. Plus großartiger Formgebung – sprich Design. Sowie allerlei modernsten Bordbedarf aus den Abteilungen Assistenzsysteme und Ökobilanzierendes. Die denken schon ganz schön mit, die kleinen deutsch beherstellerten Autos in der Vorschulracker-Klasse. Von Haus aus zu Nachhaltigkeit und Nachdenklichkeit erzogen, lassen sie den leider noch hybridfreien High-Tech-Motor immerhin nur beim Fahrbetrieb laufen. Und vermeiden zusätzlich piepsfidel Parkrempler der nicht immer zielsicheren Fahrbegleitung hinter dem Steuer. Kostet in dieser Klasse zwar alles noch extra, ist aber schon toll, was so Fahrkomfortables und Nachhaltigkeitskluges auf 1,50 x 3,60 Meter im mittleren deutschen Vorschulschnitt reinpasst. Fahrerisch A1, nicht nur was für kluge Frauen bei munteren Fiestas, sondern auch für gestandene Einser-Kerle, die speziell beim Drittwagen PS-gepimpte Teilchen-Beschleunigung platzsparend mit Sitzkomfort und Sicherheit fast wie beim Großen verbinden. Kannste alles haben und optional reinpacken in so eine fahrbare Edel-Rennsemmel.

Die eingedeutschten Alternativen aus dem Land der aufgehenden Sonne sowie vom südlichen Teil der Koreanischen Halbinsel können sich aber bei uns Langnasen genauso gut sehen lassen wie die formschönen Blechgeschwister im Geiste und beim Vollgas aus den Ländern der aktiv gelebten Tagesfreizeit und der tollen Weine, Italien und Frankreich. Hei, Oui und Si! Bei denen geht gerade optisch richtig was im Kleinwagen- und Kompaktwagen-Feld. Das ist deren Königsklasse. Preislich aber speziell bei den Asiaten: Einmal vollmachen bitte, ab zwölf- bis fünfzehntausend Euro – und nicht Yen oder Renminbi – der komplett ausgestattete Wagen. Voller Tank und rahmenvernähte Fußmatten inklusive! Liste mit aufpreispflichtigem Zubehör? So kompakt wie die Wagen selbst. Alles Wichtige ist werksseitig schon drin. Zum Teil sogar mitsamt dem ganzen altmodischen Kram wie einem vollwertigen Reserverad und einem Wagenheber ... Super nützlich! Und damit für viele deutsche Hersteller voll von gestern. Wo doch inzwischen jede moderne deutsche Vergleichskarre stattdessen über eine Sprühflasche mit funktionsbefreitem Allwetter-Abdicht-Spray und einer aufgedruckten Auflistung der zehn wichtigsten Flüche bei Reifenpannen verfügt. So geht Zukunft! Die müssen eben noch viel lernen, die Hersteller asiatischer Kleinwagen. Genau wie eine ganze Reihe von Herstellern aus europäischen Nachbarländern. Die tolle Kleinwagen auf unsere Vorschulhöfe schicken, die mittlerweile nicht mehr bereits im Katalog rosten und stattdessen sogar richtig benutz- und teilweise sogar langjährig haltbar sind. Es gibt erstaunlich viele Frauen in Deutschland, die genau das offenbar deutlich vor ihren Kerlen rausbekommen haben und in der Kleinwagen-Klasse gerne genussvoll europäisch fremdgehen. Wenn man sieht, was da in enger Verbundenheit von ihnen bewegt wird, kann Mann sie ja sogar manchmal verstehen. Muss man ja nicht offen zugeben. Gelegentliches gezieltes Ausleihen der schicken kleinen Flitze-Dinger reicht schon. Kleinwagen-Käufe von außerhalb sind zudem ein Positivbeitrag zur automobilen Völkerverständigung. Und dem wirtschaftlichen Nutzen der marktführenden deutschen Maschinenbau- und Zulieferindustrie. Bosch und Co. is »Posh«! Bereits ab dem Cygnet aufwärts – also schon mit einem Aston-Kleinst-Martin und längst nicht erst ab 'nem Big-Bentley! Es geht also auf dem internationalen Kleinwagen-Spielplatz so Mito wie Ibiza oder Glas Clio wenn nicht gar Fabia beziehungsweise Sandero zu. Und in gut begründbaren, zukunftssicher cleveren Spitzenmodellen sogar so richtig Yaris wie nachhaltig Prius – verbrauchsreduziert und hybridig durchzugsstark teilverstromt fürs gute Umweltgewissen mit eingebauter Euro-Schontaste als feinstem Nutz-Zubehör unter der Haube! Wachst also jetzt bloß nicht und bleibt flächenmäßig wie ihr seid, möchte man ihnen gerne zurufen! Denn mit dem Wachstum steigen auch ganz klar all die Anforderungen der anderen. Wie ein neugieriger Blick auf den großen Schulhof der automobilen Grundschule mit den Kompakt-klässlern beweist ...

Dieser Grundschul-Pausenhof ist gut gefüllt mit der »Golfklasse«, einem ganzen Rudel aufstrebend breitschultriger Kompakter. Von denen etliche ihre Oberschulreife bereits bestens unter Beweis stellen. Alles wird gut, sind ja– nicht nur bei den Klassenbesten – mindestens 120 PS im Rennen. Kompakt fährt, wer es sich leisten kann. Und das sind nicht nur selbstbewusste Auto-Männer, sondern auch extrem viele kluge Fahr-Frauen. Die es nicht wirklich klein, sondern eben kompakt mögen.

Willkommen in der Fahrspaßklasse der mittelgroßen Vernunft. Hier wird beides geboten, in breiter Auswahl. Sowohl vom Innenraum her wie auch unter der schicken Haube. Wer mal ein echter Fahrsportler werden will, der lebt hier seine erlebnisreichen und nicht immer völlig schrammenfreien lustigen Lehrjahre aus. Deutlich erkennbar an zwei ordentlichen Auspuff-Endrohren, kernigem Sound und dem hinteren Teil der Typenbezeichnung. Auf dem sich im deutschsprachigen Kompakt-Fahrzirkel Kenner-Kürzel wie »GTI«, »RS«, »S3«, »Sport« finden. Harte Junior-Ware aus guten Häusern. Genau wie bei ihren Sportsbrüdern und -schwestern aus dem befreundeten Ausland.

Das es hier nicht nur schnell, sondern auch gesittet, sicher und verbrauchsoptimiert zugehen kann – aber nicht muss –, dafür haben inzwischen die Autoingenieure gesorgt. Im Gegensatz zu den Vorgängergenerationen der Grundschulkompakten alles längst keine Jungspund-Säufer und Crash-Kids mehr. Aber flotte Flitzer, die sich auch gegen ihre Oberschulgeschwister der Mittelklasse mittlerweile prima behaupten. Und den ein oder anderen ihrer Gerne-Fahrer zum Grübeln gebracht haben ... Wer hier schnell, aber trotzdem spritsparend und sicher mit ausreichend Sitzplatz und Stauraum um so gut wie jede Kurve kommt, der will häufig – gerade bei den deutschen, schwedischen und einigen japanischen Modellen – schon gar nicht mehr großartig weiter aufsteigen. Und entscheidet sich dann, auf die Versetzung in die nächsthöhere Klasse schlicht zu verzichten. Und den Fahrspaß eben dort zu genießen, wo er noch bezahlbar ist und nur auf ausdrücklichen Wunsch durch aufpreispflichtige Zusatzausstattung in Form eines ganzen Sacks voller Assistenzsysteme eingebremst oder wegsediert wird.

SPORT

Auf dem Schulhof der automobilen Grundschule trifft sich definitiv fast alles, was noch halbwegs kompakt ist. Und buhlt darum, nicht nur persönlich positiv wahrgenommen zu werden, sondern – als Markenmitglied – den Grundstein für ein möglichst langlebiges Miteinander zu legen. Deswegen herrscht hier ja so dichtgedrängte Enge. Wodurch auch die ein oder andere Rangelei um Aufmerksamkeit und damit Käuferinteresse – ausgetragen bei Preis, Ausstattungspaketen oder auch Innovationsvorsprung – nicht ausbleibt. Schubsen, Spucken und Treten ist feige. Aber rangeln ist im Grundschulalter auch bei Autos noch erlaubt.

Schubsen, Spucken und Treten ist feige.

Quartettkarten-Kämpfe fast wie früher. Nur längst nicht mehr nur um Höchstgeschwindigkeit und möglichst viel PS, sondern um geringen Spritverbrauch, Fahrsicherheit und perfekte, verkehrsdichtengerechte Innen- wie Außenmaße. Preis-Leistung sticht natürlich auch. Deutlich weniger kindlich-unbefangenes »Brumm, Brumm« und stattdessen mehr messbare Leistung. Auf zum Teil sehr unterschiedliche Weise. Beispielsweise als Emporkömmling mit prall gefüllter, aber nicht immer qualitativ bester Ausstattungsliste – oder hochgepimptem Vollgas-Motor. Gerne zudem als namentlich nicht übermäßig bekannter beziehungsweise berühmter Junior-Underdog. Dessen Qualitäten sich erst im Unterricht in den Kopfnoten-Fächern »Raumangebot« und »Wirtschaftlichkeit« zeigen. Oder auch als familiär gewohnt sicher auftretende Klassenprima bzw. primus mit lauter Einsen. Natürlich vor allem bei »Fahrleistungen«, »Komfort« sowie »aktiver- und passiver Fahrsicherheit« und zukunftsweisendem »Aerodynamik-Design«.

Wer so ein gut entwickeltes Autokind sein Eigen nennt, der fühlt sich wohl und gut aufgehoben auf deutschen Straßen. Und tritt – »jetzt geht's looos« – auch gerne mal beherzt auf Gaspedal. Selbst wenn die Strecke etwas holprig oder die Tour ein paar hundert Kilometer lang ist. Hier mischen sich schließlich die Strebsamen mit den Sportlichen, die Leisen mit den Lauten und die Klugen mit den Cleveren.

Hier mischen sich die Strebsamen mit den Sportlichen ...

Ab der Kompaktklassen-Grundschule hält jedes Auto-Elternteil seinen Sprössling schon sehr sicher für etwas Besonderes. Und verwöhnt sie oder ihn deshalb nicht nur mit ausreichend gemeinsam verbrachter Fahr- und Pflegezeit inklusive regelmäßigen, pünktlichen Werkstatt-Checks, sondern auch mit einem gut sichtbaren Plätzchen im eigenen Habitat.

Kompakte haben das verdient. Sie glänzen mit sich und ihrem Können. Nicht als purer Selbstzweck, sondern zum Wohle der engsten Angehörigen, ihren Besitzern! Stolzen Autoeltern von flotten Fahrspaß-Sprösslingen namens Golf, Astra, Einser, A3, A- und B Klasse, Fokus, V 40, Leon, Oktavia, Prius, i30, Auris & Co.

Mittelstufe und Abiturklassen

Der Ernst des Lebens hat begonnen

Mittelklasse und obere Mittelklasse: Auto-Schulhöfe fürs Leben. Klassenweise. Die große gute Mitte, das Lern- und Arbeitsfeld für privat wie auch geschäftlich Bewegbares! Erstklassig ausgestattet für ein langes, großartiges Autoleben in erster, zweiter und auch dritter Firmenfahrer- oder Familienhand. Nee, wat schön. Fast richtig große Autos – mit allem Drum und Dran.

Das Gesamtschul-Modell als fester Bestandteil des Sekundarbereichs ist längst auch im automobilen Bildungssystem sichtbare Wirklichkeit geworden. Da tummelt sich all das, was nicht als Premium-Primus direkt die gymnasiale Reife anstrebt ... oder schafft. Egal, ob als Limousine, Kombi oder Geländekutsche. Die Mittelklasse ist die Vorstufe zu »richtig groß«. Hier findet sich auf dem Schulhof demzufolge schon das Meiste von all dem, was auch auf dem Hochschul-Campus eine extrem gute Figur macht. Es geht gesittet und niveauvoll zu. Sprache heißt ab jetzt Kommunikation, und die »Mühle« wird spätestens jetzt zum »Automobil«. Wurde ja auch Zeit ...

Innere und äußere Werte trennen in dieser Klasse die Spreu vom Weizen. Label-Driving, ganz wie bei den richtig Großen. Mit klaren Leistungsversprechen bereits bei der ersten Draufsicht. Die künftig Statusbefreiten erkennt man so leicht wie die Pragmatischen, die Sportlich-Dynamischen, die Kernig-Unangepassten, die Luxus-Bewegten und die

Stinknormalen. Spannende Wegmarkierer auf dem automobilen Mittelklassen-Schulhof. Und das nicht nur beim feinen, kleinen Premium-Marken-Elite-Clübchen. Hier gibt es weniger zu lachen und mehr zu fahren als im Primärbereich der automobilen Fortbewegung. Die Exoten werden auch weniger. Ziemlich normal, denn wer hier unterwegs ist, der muss sein Mehr an Leistung deutlich beweisen.

Entweder in Form eines besonderen Verhältnisses zwischen Preis und Leistung oder mit einlösbaren Leistungszusagen in den anderen großen Kernfeldern der Mobilität: Aktive und passive Fahrsicherheit, leistungsoptimierte Effizienz, Komfort und natürlich Haltbarkeit und Wirtschaftlichkeit. Am besten alles zusammen und auf einmal. Das nennt sich dann perfekte Mittelklasse. Genau das wird von den meisten großen Volumen-Marken geboten. Alles, nur bitte kein PS-Geprotze oder Bomberjacken-Design. So was ist ziemlich verpönt in der autoschulischen Sekundärstufe und sorgt für hochgezogene Augenbrauen oder verständnisloses Kopfschütteln. Früher war ja glasklar, wer ab der Mittelklasse das automobile Sagen hatte: Deutsche Hersteller mit ihren Premium-Produkten. Basta. Vielleicht noch ergänzt um eine paar europäische Nachbarn aus Skandinavien und Frankreich sowie hier und da eines Vertreters aus dem fernöstlichen Japan. Fast vorbei im Hier und Heute. Selbst in der Mittelklasse ist der automobile Schulhof inzwischen komplett globalisiert: Nord-,

Alles, nur bitte kein PS-Geprotze oder Bomber-jacken-Design.

Süd und Mitteleuropa, Asien und teilweise Amerika ... aus allen Himmelrichtungen strömen per Schiff, Flieger sowie – ohne Bus – aber mit Lkw und Bahnverkehr Mittelklasse-Schüler auf unsere Schulhöfe.

In der automobilen Aufsteigergruppe trifft sich eben alles, was viel fahren kann und will. Von High-End bis Mittelmaß, quantitativ wie qualitativ ein rollender Kessel Buntes. Wer es sich leisten kann und will, der ist dabei und hat ein oder mehrere Autoblagen in den höheren Leistungsetagen am Start. Wer da werksseitig am Pausen-Ende durch welche Türe zurück ins gesamtschulische oder gymnasiale Auto-Klassenzimmer geht, ist ziemlich leicht feststellbar. Ein paar der besonders strebsamen und pfiffigen skandinavischen und japanischen Mitschüler haben es natürlich in den gymnasialen Leistungsbereich der Mobilitätsschulen geschafft. Den meisten Oberschul-Asiaten reicht es aber eine Nummer drunter und damit für den weniger netto leistungsgeprägten privaten Fahrgebrauch. Passt schon. Hauptsache reichlich Autos zugelassen und überall in Deutschland gut unters fahrende Volk verteilt. Dazu braucht man schließlich technisch außerhalb der Motorraum-Befüllung nicht alles, was Autoingenieure abliefern können, wenn sie dürfen, wie sie wollen. Tolles Deutsch. In der Mittelklasse wird zwar – auch in den Autohäusern – noch Deutsch gesprochen, der Kauf deutscher Autos ist aber in dieser Klasse längst nicht mehr

Von High-End bis Mittelmaß, quantitativ wie qualitativ ein rollender Kessel Buntes.

Pflicht. Es reicht gerade bei den besonders nachfragestarken Einstiegs-Mittelklässlern häufig schon der richtige Plattform-Baukasten im Rahmen der Konzernzugehörigkeit. Selbst Skoda und Co. lassen – preisgünstig und trotzdem gut gemacht – aus dem Mutterkonzern grüßen. Renault und Dacia winken, wie einige andere, dazu fröhlich aus Resteuropa. Auf die Bauteil-Mischung kommt es eben an, gerade in der beliebt-belebten goldenen Automitte im anspruchsvollsten Autoland der Welt.

Wie dem auch sei, die Mittelklasse ist was Feines. Vor allem, wenn es nicht um reine Preis-Leistungs-Modelle geht. Toller Schulhof-Stoff. Der sich mittlerweile in breiter Auswahl als Stufenheck-Limousine, Kombi oder Hoch-Kombi (sprich: Van) beziehungsweise mittelgroßer SUV praktisch überall erstklassig und tiefenentspannt bewegen lässt. Und das sogar mit deutlich unter acht Litern Durchschnittsverbrauch auf 100 Fahrkilometer. In Wagen dieser Klasse steckt also nicht nur ein großer Teil der Hersteller-Marketingbudgets, sondern häufig zusätzlich Innovationspower von Ingenieuren und Designer-Kreativität. Ab der Mittelklasse wird das Mobilitätsblech eben in genau die formschönen und fahrstabilen Bereiche gehoben, die nicht nur das Einsteigen und Gasgeben besonders einfach machen, sondern den »Ich bleib drin sitzen«-Faktor deutlich verstärken. Besitzerstolz fängt ab hier so richtig an: In der feinen Vorstufe zum automobilen High-End-Segment.

Insbesondere, wenn mit dem Grundmodell und dessen Motorisierung bereits zwischen A4, Dreier, C-Klasse,

Passat, V60 und Konsorten entschieden wurde. Aber was darf da mit rein? Es warten zig Seiten mit Ausstattungsverlockungen, die erst ab dieser Klasse so richtig wahrgenommen werden. Und fett ins Geld gehen. Genau das macht die ebenso feine wie teure Auswahl manchmal schmerzhaft schwer. Süchtig machendes Sauzeugs, natürlich jedes Teil unverzichtbar wichtig. Wehe – oder Wohl, je nach Perspektive und Geldbeutel – dem, der sich praktisch-pragmatisch diesen Aufwand erspart. Und sein Mittelklassen-Heil bei den Importwagen sucht. Der kauft dann deutlich mehr Ausstattung gleich in günstigen, fertig konfektionierten Zubehörpaketen ein. Die allerdings manchmal ein paar Teile als festen Paketbestandteil mit an Bord bringen, die in unseren Breitengraden bedingt bis überhaupt nicht geschätzt oder positiv gewürdigt werden. So zum Beispiel das bei dem ein oder anderen asiatischen Mittelklässler optierbare »Cook-and-Drive-Paket« mit fest eingebautem Reiskocher inklusiv dreistufigem Garprogramm – in Kombination mit Midsize-Navi und Entenohren-Tranchierbesteck. Oder die in osteuropäischen Mittelklasse-Fahrzeugen recht beliebten »Car-Protect-Pakete« mit praktischer Dreiklang-Alarmanlage – aber eben auch Nebelgranaten-Werfern. Für hiesige Geschmäcker weitaus geeigneter sind da schon die Zubehörpakete französischer Hersteller. Wie das »C'est-bon-Paket« – in dem neben dem großen Glas-Schiebedach für den barrierefreien Sommerpanorama-Genuss ein kleiner und werksseitig

»Cook-and-Drive-Paket«

»C'est-bon-Paket«

bereits gut gefüllter Weißwein-Kühlschrank enthalten ist. Voila! Der Mittelklassen-Schulhof steckt halt immer wieder voller überraschender Talente – egal, ob im stehenden oder im fließenden Verkehr.

Er bietet daher in jedem Fall schon mal die kleine Königsklasse der Automobilität. Häufig, gerade aus finanziell guten Gründen, als sehr zufrieden machende Endstufe des automobilen Schulweges.

Gratulation an alle Mitschüler und deren Fahrpublikum, die es bis hierhin geschafft haben. Denn wer so weit gekommen ist, der hat viel erreicht und bewegt sich mühelos und genussvoll im Individualverkehr.

Gratulation an alle Mitschüler und deren Fahrpublikum, die es bis hierhin geschafft haben.

Insbesondere in der oberen Mittelklasse. Die mit Modellen wie dem A6, der E-Klasse, dem 5er oder ihren Coupé- und SUV-Verwandten sowie ihren ausländischen Hochleistungs-Konkurrenten wie den Volvos S80 und V70, dem Jaguar XF, einem Lexus GS oder auch dem Infinity M Leistungsversprechen bieten, die sich nur für ausgewählte Edelautomobilisten und finale PS-Feinschmecker noch von den Besuchern des Campus der automobilen Ober- und Luxusklasse unterscheiden lassen. Extrem weit oben ist man damit bereits jetzt ... Schon Klasse, oder?! Fast perfektes Fahren, aber eben noch nicht so ganz steigerungsfreies automobiles Schöner Wohnen ...

Ein Blick auf den Campus

Super, toll, Garage richtig voll

Luxuslimousinen: Zehn bis zwölf Quadratmeter bewohnbare Mobilität. Die Wunderwelt der echten automobilen Komplettklasse. Der Campus der Auto bildenden Künste und des Fahrvergnügens in fast unendliche Weiten. Hier ist man unter sich, im kleinen, internationalen Elitenzirkel der wirklich weit Gekommenen. Der nicht nur wohlgeratene, sondern perfekte Nachwuchs gibt sich hier sein Stelldichein. Formschönst geraten und intellektuell – im Innenraum so sehr wie unter der Haube – auf ebenso höchstem wie aktuellstem Auto-Bildungsniveau. Ein Wettstreit und Schaulaufen der Allerbesten auf unseren Straßen. Die hier aufgefahrene Größe ist nicht mehr steigerbar. »Größerer« gibt es schließlich nicht.

Ein Wettstreit und Schaulaufen der Allerbesten auf unseren Straßen.

In Luxuslimousinen wird bewegt gewohnt. Wahlweise in der motornahen ersten Reihe. Oder tiefenentspannt hinten rechts – mit abgeklärtem Blick auf das Fahrpersonal und den Rest der Welt. Auf diesen Endstufen-Schulhof schicken die besten Hersteller der Welt das Beste, was sie zu bieten haben. Und definieren Fahrkomfort, Fahrsicherheit, Fahrdynamik und Motoreffizienz im edlen Wettstreit alle paar Jahre wieder neu. In der Luxusklasse wird erfunden und verbaut, was das feine Zeug hält. Ab hier haben Autoingenieure und Chefdesigner es nicht mehr schwör. Im Gegenteil, sie haben richtig Spaß! Bei der kreativen Entwicklung und formgebenden Gestaltung neuer Luxuslimousinen dürfen sie endlich zeigen, was durch ihre Synapsen fließt. Und wofür sie sich und ihre Sinne so lange weiterbildend geschärft haben: Für final erstklassige Automobilität auf größtmöglich nutzbarer Fahrfläche.

Von wegen »über den Wolken muss die Freiheit wohl grenzenlos sein«. Das geht – mit stufenlos regulierbarer Bodenhaftung – auch schon eine Etage tiefer richtig los. Schlaglöcher? Egal, die bügelt das Fahrwerk in der Sänftenklasse unauffindbar weg. Smog oder klassisches Agrar-Parfüm? Kommt hier nicht rein, der Klimaautomatik mit wahlweise beruhigenden oder vitalisierenden Duftzusätzen sei Dank! Straßenlärm? Nie was von gehört, es sei denn, man lässt sie sich über das Audiosystem als Außenwelt-Simulation mal in die Limousine einspielen. Besuche beim Physiotherapeuten wegen temporärer HWS- oder Rückenleiden? Dafür steigt hier keiner mehr aus der Kutsche aus. So was löst bei Luxuslimousinen aufpreis und rezeptfrei auf der Durchreise das dafür ausgebildete Sitzmöbel höchstselbst.

Besuche beim Physiotherapeuten wegen temporärer HWS- oder Rückenleiden?

100 Kilometer Fahrstrecke genügen häufig schon! Motorleistung in PS oder kW? So was von reichlich vorhanden, dass die Nennung der Zahl irgendwie banal klingen würde. Eine Luxuslimousine fährt so schnell, wie ihr Steuermann oder ihre Pilotin es will und die Verkehrsverhältnisse es zulassen. Kraftstoffverbrauch? Mittlerweile auch kein Thema mehr – im

Grunde fast wie bei Kleinwagen. In jedem Fall im ruhenden Verkehr, aber immer häufiger auch bei halbvoller Fahrt. Aktive und passive Fahrsicherheit? Im so gut wie unmöglichen Unfall-Fall ist in dieser Klasse nicht nur perfekt für die eigenen Insassen gesorgt – auch die Unfallbeteiligten drum herum bekommen fast nichts mehr ab. Die werden – außen geairbagt – sanft und so gut wie knitter- und schrammenfrei zur Seite geschoben. Okay, der Aufprall verhindernde Ameisen-, Schnecken- und Igel-Sensor fehlt immer noch, aber ab zehn Kilo Lebendgewicht ist für fast alles und jeden präventiv sicherheitsbremsend fürsorglich und unblutig gesorgt.

Luxuslimousinen können einfach mehr als fast alle anderen Automobile. Selbst – was für eine Überraschung! – beim Preis.

Luxuslimousinen, mit über fünf Längen- und 2,2 Breitenmetern – jeweils plus X – als S-Klasse, Siebener, A8 oder Panamera auf den Campus geschickt von den deutschen Premium-Marken. Oder als Gaststudenten der schönen automobilen Künste aus England, Italien oder Übersee mit klangvollen Namen beziehungsweise Buchstaben- und Ziffernkombinationen wie Mulsane, Phantom, LS 460, ATS, Quattroporte und XJ ... Luxuslimousinen können einfach mehr als fast alle anderen Automobile. Selbst – was für eine Überraschung! – beim Preis. Fahrspaß für genussorientierte Anlageprofis mit Stil und dazu passendem Budget. Eine Klientel, für die die Herstellerseite gerne intensiv mitdenkt. Und dabei künftig sogar ein Schmankerl mit echtem Sparpotenzial bereithält, zumindest für jene, die sich derzeit noch von ihrem artverwandten Humankapital kutschieren lassen. Denn wenn der Chauffeur, der undankbare Lenkknecht, künftig wieder mit Lohnerhöhungswünschen um die Ecke kommt, liefert die Industrie in Bälde die passende – gewerkschaftsbefreite – Alternative. Als fest verbauter und rund um die Uhr verfügbarer Autopilot in der nächsten Generation der selbstfahrenden Lustwagen-Technologieträger XXL. Pass bloß auf, Fremdfahr-Gehilfe! Dein technischer Nachfolger ist als fünfstellige Einmalinvestition in Kürze auf den Zubehörlisten dieser Klasse zu finden. Also genieße die Zeit, die Dir als Fahrer noch bleibt. Oder wechsle die Seiten und schul' selbst auf Chef um. Bei den Tipps, die Dir tagtäglich zu Steuersparmodellen und Betriebsgeheimnissen aus dem Fond geliefert werden, sollte das ja nicht allzu schwierig werden ...

Sportwagen und Cabrios: Erste Wahl auf zweitem oder drittem Garagenplatz. Die Sportstudenten oder Freizeitforscher im Club der entspannt wie auch genussreich Fahrfähigen. Noch so eine Klasse für sich. Es gibt sie in Klein, in Mittelgroß und in der High-End-Variante. Bei den erschwinglichen Klein- und Mittelklasse-Freizeitlern wird dabei meist werksseitig im Standardmodellbaukasten das feste Dach durch ein einklappbares Weichteil ersetzt. Oder es werden zwei Türen sportoptisch eingespart. Und gerne auch mal der Motor leistungssteigernd aufgebrezelt. Ist ja eine prima Sache, die den Geschmack einer Menge Fahrerinnen und Fahrer trifft, die es sich genau so leisten können oder wollen. Bezahlbar sportlich geformte Leistungs-Freiheit und luftiges Abenteuer im Einstiegs- und Standardsegment sind extrem beliebt!

Die Industrie, zumindest ein cleverer Teil, bietet deshalb bei ihren Volumenmodellen fast alle ihre Bestseller, die einen Deckel und vier plus X Türen haben, auch entsprechend Tür-bereinigt und in der Oben-ohne-Version an. Sieht zum Teil richtig schnittig aus und/oder brät jenseits der 200-km/h-Marke – fahrerisches Können vorausgesetzt – extrem flott über den Asphalt. Gute wie auch günstige Standardware zum Freizeitvergnügen der meisten Fahrspaßler. Richtig prima, so was als Fahr-Alternative noch zusätzlich in der Garage zu haben. Speziell in der Urlaubszeit, oder wenn die Blagen aus dem Haus sind. Fun driving mit Funfaktoren. Für Autofans, die mit dem schicken Zweiten gerne cruisen oder düsen. Das

macht von Jung bis Alt vielen Gernefahrerinnen und -fahrern richtig gute Laune, egal, von wem so was auf den Hof kommt. Wobei: gute Laune ist steigerbar. Durch bessere Laune! Und die gibt es vor allem, wenn das Freizeitvergnügen auf flächenreduziertem Raum eine oder auch gleich ein paar Klassen höher gesucht wird ...

Luxus-Sportwagen und ihre stilprägend entdachten Geschwister sind die richtig heiße Straßenware. Nicht nur, aber auch für den Sylter Kampen-Campus oder die Kö. Geliebtes Flott- und Freiluftblech jenseits der leicht zu knackenden 80.000er-Preismarke ist vorzeigbarer Fahrspaß pur. Also nichts für Straßenschoner, Kraftstofftröpfler und Autobahnverweigerer!

Sondern die Cruise- und Rückleuchtengruß-Auswahl für Weibsbilder und Motorkerle mit Benzin im Blut. Die diese Flitzer nicht immer, aber liebend gerne und auch öfter bewegen. Sehen und gesehen werden. Gesehen werden aber – außer beim Parken – relativ kurz. Nämlich gerade eben so lange, bis die Ampel wieder grün zeigt und der rechte Fuß auf das – überwiegend gummifreie und dafür gelochte – Gaspedal trifft. Yes, this car can!

Yes, this car can!

Das verstehen nicht nur Jungmänner ab dem zehnten Lebensjahr, sondern auch die meisten Väter und sogar einige Mütter ... Selbst wenn sie sich diese Fahrspaß-Klasse selbst nicht leisten können und stattdessen einfach nur sehr gekonnt von solchen Boliden träumen. Autofantasien können extrem beglückend sein. Und deren Umsetzung per Erwerb noch viel mehr. Glücksmomente auf dem Campus der automobilen Leidenschaften, denen sich nur ganz hartgesotten-freudlose Miesepeter und Busfahrkartenpaulas entziehen können. Also nichts wie ran und rein ins wahre Autovergnügen – und sei es nur zum Probesitzen und Probefreuen im Autohaus. Oder bei einem ausgedehnten Mietwagen Wochenende mit einem Porsche, Ferrari, Aston Martin, Jaguar, Lotus oder Maserati. Vielleicht aber auch mit einem Traumflitzer aus dem passende Sportwagen-Segment von Audi, BMW, Mercedes, Nissan, Toyota & Co. Der Campus dieser Leistungsklasse ist schließlich erstklassig besetzt. Wer hier die sorgenfreie Wahl hat, der greift auch gerne einmal mehr zu. Sie nehmen ja in der Garage kaum Platz weg ... zumindest im Vergleich zum mächtigen SUV direkt daneben.

Also nichts wie ran und rein ins wahre Autovergnügen – und sei es nur zum Probesitzen und Probefreuen im Autohaus.

SUV/Geländewagen: Die Überlebens-Werkzeuge im Straßendschungel, von S bis XXL. Die Aufsteiger in den Zulassungsstatistiken, vielklassig, wie der liebe Gott und die Waldarbeiter-Zunft sie einstmals als automobile Wald- und Wiesengehilfen schufen. Längst nicht mehr ein kleiner Baumschulen-Schulhof oder Wüstencampus, sondern etabliert und akzeptiert als ein kompletter Kosmos Höhergestellter. Die automobile Nebenwelt für alle möglichen Wege dies- und jenseits der Straßen. Die sich – je nach Modell – fast jedes Gelände untertan gemacht hat. Und dabei den klassischen

Stufenheck-Limousinen und Kombis immer mehr den Straßenbild-Rang abläuft. Vom kess designten Hochbein-Kleinstkrabbler im Innenstadt-Laufstall bis zum Extra Large weltweit Allesbesteiger, knapp unter Unimog-Größe. Mit den Einstiegsmodellen geht es sowohl über den Agility-Hindernissparcour auf Feldweg-Niveau wie auch über stinknormalen platten Straßenbelag. Gerade die Kleinen und Mittleren des zuschaltbaren Allradgewerbes mit ihren 15 bis 20 cm Bodenfreiheit und ordentlicher Rundumsicht fallen inzwischen schon gar nicht mehr auf. Zumindest nicht im normalen Innenstadt-, Landstraßen- und Autobahngewühl.

Wer sich erhobenen Sitzes wahlweise Hinter- oder Vorderrad- beziehungsweise richtig Allradangetrieben und in die Aufmaßhöhe gezogen der 20-Prozent-Marke bei den Autozulassungen entgegenkrabbelt und kraxelt, der ist nachgewiesener Käufer-Günstling. Egal, ob als harmloser optischer Gelände-Blender der Untergattung Crossover oder als Hoch- und Breitbock im wahren und urtümlichen SUV- und Pickup-Kleinlaster-Wühlformat. Kannste alles haben, bei jedem Hersteller. In gefühlten sechzig Größen- und dazu passenden dreißig Preisklassen. Lada ist wie Land Rover seit Urzeiten dabei, Bentley kommt vielleicht in Kürze dazu.

Lada ist wie Land Rover seit Urzeiten dabei, Bentley kommt vielleicht in Kürze dazu.

Über Stock und über Stein, welche Marke soll's denn dafür sein? Da gehen die Geschmäcker dann schon deutlich auseinander und es kommt zur Grüppchenbildung – selbst auf dem High-End-Campus. Die echten Edel-Kraxler, bei denen eine vernünftige, manuell bedienbare Differenzialsperre für den Ausritt ins harte Gelände noch wichtiger ist als die Kuh verschleißende Voll-Lederausstattung sowie die inzwischen fast überall obligaten 70 Multifunktions-Helferlein bis hin zum bordeigenen Martini-Aufmischer der Version »Gerührt, nicht geschüttelt«, finden sich auf der einen Seite. Und deren outdoorverkehrsberuhigte Gegenspieler mit hydropneumatischer Federung und Allrad-Automatik für die stufenkompatible Auffahrt zum Eingangsportal von Opernhaus oder Festspielsaal auf der anderen, eher ebenerdigen, sicheren Seite.

Schon ein Unterschied mit Problempotenzial – insbesondere, wenn das Fahrpersonal bei der Fahrzeugwahl was verwechselt hat und der Meinung ist, statt mit dem Pinzgauer, dem Land Rover oder der G-Klasse mit einem nur maßvoll allradgepimpten, dafür aber ebenso breiten wie langen Edelpanzer zur Steinwild Jagd oder zum Downhill-Biking Richtung Berghütte oberhalb der Baumgrenze aufbrechen zu müssen.

Abbruch statt Aufbruch ist das häufig unbefriedigende, aber absehbare Ergebnis. »Geht nicht« gibt es dann sehr wohl – ausgeschlagene 295er-Alu-Felgen und deutliche Gewächs-Mitnahme-Spuren an den edlen Fahrzeug-Flanken inklusive. Und all das schon auf halber Strecke mit final durchdrehendem Geläuf. Die kernige, hochbeinige Sport- und Naturburschen-Fraktion trennt sich bei solchem Car-Climbing im sauerländischen Mittel- und bayrischen Hochgebirge relativ flott und in entspannter Vorwärtsfahrt von den gefühlten Landlord-Hobby-Kletterern im Rückzugsmodus ... die dank asphaltgeprägtem Schwerpunktnutzen, sportwagengemäßer Spurtstärke und erstklassiger Straßenlage bis Tempo 250 am besten im sicheren Flachland beziehungsweise bis maximal zur Talstation der Bergbahnen und Wintersport-Lifte outdoor cruisen! Macht doch nix, dafür verbläst so eine Geländeabgeriegelte Feudal-Allrad-Büchse selbst sportlich geduckte Rennbolzen der 300-PS-Klasse bei miesen Straßenverhältnissen durch knietiefes Aquaplaning oder knöchelhohen Schneematsch auf jeder Landstraße und Autobahn. Und das sogar noch mit fünf Personen, sechs Zentnern Gepäck und zwei Jagdhunden in Übergröße an Bord.

Und das sogar noch mit fünf Personen, sechs Zentnern Gepäck und zwei Jagdhunden in Übergröße an Bord.

Allradler – vor allem richtig große – sind also echte Genussmittel für freiheits- und abenteuerorientierte Lebensentwürfe. Eine lebensfrohe Zierde für jeden Campus, ganz besonders, wenn sie richtig berühmte Namen aus der Komfortklasse wie Range Rover, X5, Q5 oder Q7, Cayenne, GL- oder M-Klasse, Touareg beziehungsweise XC 90 tragen. Oder als wahrhaft unverfälschte All-Pisten-Nutztriebler wie G-Klasse, Land Rover, Landcruiser oder Amarok daherkommen. Deutlich kleiner, aber ebenfalls besonders stabil, sicher, schick beziehungsweise günstig zu sein, hat zudem alles andere als reinen Übungscharakter im Gelände! XC 60, Clubman, Kuga, Yeti, RAV, Qasquai sowie Duster und Co sei Dank.

Wer auf normaler Berg- und Talstraße unsteigerbar reinen Genussfaktoren vor – gefühltem oder echtem – Gebrauchsnutzen den automobilen Vorzug gibt, der sieht sich am besten auf dem Campus der Old-fashion-Beauties um. Vom alltagstauglichem Klassiker im Alter 30 Plus bis zur Jury-prämierten Laufsteg-Schönheit des letzten Jahrtausends-, mit eigenem klimatisiertem Mit-Wohnraum-, findet sich hier ausgewählt alles, was Autofahren zu mehr macht als der simplen motorisierten Fortbewegung von A nach B ...

Oldtimer: Die gute alte Zeit, handpoliert und gerne selbst geschraubt! Forever young, der Campus der Zeitlosen – alles andere als ein Altersheim der schweigenden Gebrauchsbleche. Wer es hierhin geschafft hat, der verfügt über die Ewigkeitswerte und weihen der Automobilität. Und ist daher nur noch der Schule des Lebens der anderen etwas schuldig. Ab hier gibt es kein subtiles Markengezänk und Muskelspiel mehr. Stattdessen aber jede Menge Anerkennung, Pflege und ernstgemeinte Fürsorge. Hier muss sich niemand mehr etwas beweisen, man wird geschätzt und durchweg positiv zur Kenntnis genommen. Das diensttuende Leben als Transportmittel ist vorbei. Oldtimer werden stattdessen chauffiert, hofiert und gerne auch – von Normalfahrzeugen mit Anhängern – transportiert. Kein Zubehöraufrüstungsgepimpe, nicht mal bei der zum Teil in jetztzeitlicher Wahrnehmung schwachbrüstigen Motorisierung und überproportionalem Schluckverhalten. Völlig in Ordnung oder sogar positiv einer Rede wert: Bleib wie Du bist ... und das möglichst lange!

Das ist er also, der Himmel auf Erden für Autos. Das Paradies fürs Mobilitätsblech. Ab Ü30 in unverbastelt-gepflegtem Fast-Original-Zustand mit H-Kennzeichen sogar staatlich-steuerlich gefördert und mit augenzwinkernd freier Fahrt durch jede Umweltzone kulturpolitisch bewegungstechnisch unterstützt und überall durchgewunken.

Das ist er also, der Himmel auf Erden für Autos. Das Paradies fürs Mobilitätsblech.

So gut wie freie Fahrt für Auto-Oldtimer, aber dieses Privileg gilt für den Wagen, und nicht zwingend auch für das Menschlein hinter dem Steuer. Verdienter Respekt vor dem automobilen Alter! Und Dank an die restaurierenden wie auch pflegenden Hände der Besitzer – oder von ihnen beauftragter Dienstleister.

Regelmäßige Arztbesuche, d. h. Werkstattchecks und Auffrischung sämtliche Lebenselixiere sprich Schmier- und Verbrauchsflüssigkeiten inklusive. Und all dies ohne jedes Gemecker des Eigentümers mit zunehmendem Alter immer häufiger und intensiver. Parken auf unbedachtem, feuchtkühlen Plätzen ist ebenfalls tabu und findet kaum statt, Oldtimer bekommen sonst Rost und andere im Alter lebensbedrohliche Zipperlein und Krankheiten. Geht ja gar nicht!!! Also mit rein in die gute Wohnstube. Mindestens aber in eine trockene, gut beheizte, große Garage – meist mit angebautem Medical-Center, d. h. perfekt ausgestatteter Heimwerkstatt inklusiv großem Originalteile-Ersatzteillager. Oder direkt ins Bank-Tresor Fach in Übergröße. Denn gepflegte Oldtimer verlieren selten an Wert und schlagen ganz aktuell als Wertanlage sogar den DAX. Aber auf den Inhalt des Tresor-Schatzkästchen kommt es natürlich an! Die rund 50.000 noch betriebsbereiten VW-Käfer und zirka 32.000 Trabants der Baujahre 1983 und älter brauchen pro Stück zwar deutlich weniger Fläche als ein erstklassig gepflegter /8 oder eine Pagode von Mercedes beziehungsweise ein 356er Porsche Speedster im Zustand 2+. Sie sind aber dafür überwiegend nicht ganz so werthaltig wie diese süddeutschen Patina-Pracht- und Edelfracht-Bolzen. Da kann es dann schon passieren, dass die Mietkosten des Schließfaches bei der ortsnahen heimischen Sparkasse oder Volksbank den Wertzuwachs übers Jahr bei den Uralt-Normalo-Oldies wieder auffrisst. Ein halbwegs vernünftig erhaltener Ferrari 250 GT

LWB TDF aus dem Jahr 1959, ein 1955er Mercedes-Benz 300 SL Flügeltürer oder ein baujahrgleicher Aston Martin DB3 S machen so was nicht, die wertwachsen praktisch ständig – solange sie keinen Leitplankenkontakt haben!!!

Bei einem Mercedes-Benz 540 K Special Roadster des Jahrgangs 1936 gibt es – wenn man es mag – auf Nachfrage direkt noch eine komplette kleine Bankfiliale in ländlicher Gegend zur Aufbewahrung dieses bereiften Schmuckstücks mit Ewigkeitswert kostenlos mit dazu! In der Einzelstück-Liga bleiben eben, mit Ausnahme der vielfach gewünschten Unsterblichkeit der Fahrzeuglenker- und Besitzer, so gut wie keine Wünsche offen.

Aber es ist im Grunde völlig egal, ob Capri I, BMW 02 beziehungsweise Ur-Celica als erst jetzt günstig leistbarem ultimativen Wunsch-Flitzer aus Kindheitstagen. Oder Jaguar E-Type S III, Alfa Romeo Montreal sowie, ganz klassisch, einem Porsche 911 S 2.4 aus heutiger Architekten-, Arzt- oder Anwalts-Schatullen-Perspektive: Oldtimer sind die liebsten Kinder so gut wie aller Deutschen. Egal, ob mit oder ohne Führerschein und passendem Kontostand. Kein Neid, kein Streit, kein Gezänk. Dafür lebenskluge, erwachsene Lieblings-Adoptivkinder, die, das ist schon sehr besonders, ab 50 Auto-Lebensjahren aufwärts so richtig smart, cool und aufmerksamkeitsverwöhnt werden. Selbst die mit dicken Beinen und knirschenden Gelenken.

Alterungsprozesse mal als Vorteilsdisziplin ... das gibt es – im Unterschied zu anderen Kunstwerken – nur auf dem Campus des reifen Blechgewerbes.

Zurück in die Zukunft

Individualverkehr von morgen

Elektro- und Hybridautos: Sprit ist fast alle, Strom ist aber noch reichlich da! Von wegen weichgespülte, holprige Öko-Anfänger-Schule der Automobilität. Auf dem Zukunfts-Schulhof Nr. 1 – dem für Hybrid-Motorisierte – tanzt im Gegensatz zu den wenigen reinen Steckdosenköstlern ganz ohne jedweden Otto- oder Diesel-Zusatzschub in ihrer noch batterieschweren Exotenecke keiner der mehr oder minder großen mobilen Innovationsblech-Batzen seinen Namen. Apropos Namen ... Deutsche sind noch ein ziemlich anzahlschwaches Kleingrüppchen auf dem Zukunftscampus Nr. 1. Und zudem überwiegend in der Teuerklasse der Sprit-Diätler zu finden. Klingende Namen wie A6 und Q5 Hybrid Quattro, Cayenne S Hybrid, E 300 BlueTEC HYBRID, S 400 Hybrid oder auch Active Hybrid 5 und 7 sowie Tuareg Hybrid verlangen deutlich über 50.000 Euronen Zu- und Eintrittsgeld in den deutschen Premiumclub der gefühlt Edelbestromten. Außer – gerade frisch reingekommen – bei BMW mit seinem brandneuen Elektro-Leichtgebautem i3 ist noch so gut wie nix »made in Germany« preislich da drunter zu haben. Schon gar nicht bei denen mit Stecker dran, den beliebten Plug-in-Hybrids. Da wurde im Unterricht für bezahlbaren innovativen Normalverkehr offenbar etwas gepennt.

Deshalb ist die Versetzung in die Zukunft eines Autolebens mit deutlich weniger Mineralöl-/Kraftstoff-Anteil bei der Kennzeichen-»D«-Heimatklasse – zumindest im Jetzt und Hier – noch gefährdet. Die Nachhilfe-Lehrer mit echtem Know-how-Vorsprung und einem Herz für die Kassen von Umweltschon-Automobilisten kommen deutlich sichtbar aus Japan: Toyota, gefolgt von Honda, Nissan und Co sind mit jeweils mehreren innovativen, international betriebserprobten Teilstrom-Kraftwerkern am Start. Alle mit genug bis richtig reichlich spritsparend regenerativer Leistung an ein bis zwei üblichen Antriebsachsen ... passend für jeden nachhaltigkeitsbewegten Geldbeutel von heute und morgen!

Die meisten unserer heimischen Hersteller sollten also spätestens jetzt auf volle Aufmerksamkeit umschalten. Solange noch Innovationsfleisch am automobilen Zukunftsknochen der Motortechnologie hängt. Und bevor die Sonnenplätze auf dem Ressourcenschon-Schulhof komplett belegt sind. Um einen Fuhrpark in allen Größenklassen an den Start und die Steckdosen zu bekommen, reichen sicher keine paar Aufbau-Stündchen nebenbei. Flottes Nachladen ist angesagt! Es geht schließlich um die Königsklasse der künftigen Motorentechnologie, die bezahlbaren Auto-Triebwerke der Zukunft ...

In fast allen automobilen Bewegungsklassen lassen es also derzeit vor allem die automobilen Toyota-Cleverlinge aus dem Land der ewig leuchtenden Technologie-Sonne teilelektrifiziert mittel- bis langstreckentauglich ziemlich lautlos und effizienzoptimiert automobil krachen. Sie bieten weltmarkterprobte hybride Familienmitglieder. Die vom Kleinwagenflitzer Yaris über den Auris bis zum familienversandfähigen zuverlässigen Energieeffizienz-Mittelklässler Prius und Prius+ zeigen, wie es ab jetzt unter Hauben und Heckabdeckungen aufladbar und motorisiert weitergeht. Alles schon heute für morgen und übermorgen lieferbar. Vorbildlich!

Alles schon heute für morgen und übermorgen lieferbar.

Zu diesen pfiffigen Doppelherz-Typen gesellen sich mit Modellen wie beispielsweise dem Leaf, Jazz, Insight, DS5 Hybrid4, 508 RXH, CT 200H, GS 450, Ampera und Volt, M35H, Optima oder dem Outlander PHEV weitere internationale Klassenkameraden. Plus zwei knackig-frische Sicherheits- und Fahrspaß-Schweden mit ebenfalls ruckelfreiem hybridem Antrieb aus den beliebten Midsize-Leistungs-Elchklassen: V 60 und XC 60! Die meisten dieser Teilzeit-Stromer haben für längere Strecken aber schlauerweise immer noch genug Otto- oder Dieselmotor mit an Bord. Hybrid eben: Das Zukunftsweisende tun, ohne das nützlich Bewährte zu lassen. Geht doch. Eine technische Pionierleistung mit inzwischen sicherem Meilenstein-Nachweis, die das Autofahren in Richtung einer Zeit am Leben hält, in der das schwarze Gold – nein, nicht das Rübenkraut aus der rheinischen Tiefebene, sondern Mineralöl-Derivate aus Nahost – final aufgebraucht sind. Ja, sie wird kommen, diese Zeit ohne Sprit. Irgendwann sogar ganz, nur weiß heute noch keiner, wann genau. Aber in jedem Fall schon mal gut, beizeiten vorgesorgt zu haben. Mit Steckdosen am Straßenrand und dazu passend mindestens einem anschließbaren Hybriden vor der eigenen Haustüre. Zurück an den heimischen Herd, zukunftsweisend und kostengünstig angedockt am Haushaltsstrom als Kraftstoff-Teilbezugs-Garagentanker. Statt unwiederbringbare minerale Kraftsäfte kraftvoll aus dicken Leitungen zu schlürfen, schon jetzt völlig geräusch- wie auch geruchslos sparsam regenerative E-Kräfte am CE-geprüften Steckdöschen saugen! Daheim und teilweise auch unterwegs. Daily or overnight in den automobilen Ruhephasen – an der dünnen Nabelschnur anschließbarer Kabel- und Steckerverbindungen. Individuale Mobilität dank Leistung sicherndem Steckdosen-Zugang. Friedlich vereint mit anderen der Menschheit dienenden Nützlingen wie Staubsaugern, Rührmixern, Kühltruhen, Küchenherden, Leselampen und Flimmerkisten.

Die automobile Zukunft hat gerade erst still und leise begonnen – zumindest unter der Haube. Geben wir ihr sowie Mutter Erde am Ressourcenlimit eine Chance – und kaufen diese wunderbaren Fahrmaschinen der zukunftsweisenden Vernunft. Aber bitte mit einem eingebauten Motorgeräusch-Simulator! Schließlich haben selbst Hunde, Katzen, Frösche plus dem heimische Wildgetier am Straßenrand das Recht auf eine glückliche Zukunft im Rahmen des Individualverkehrsgeschehens von morgen!

Carsharing

Leihwagen, überall kleine Kurzzeit-Leihwagen!

Bleibt noch die automobile Zukunftsklasse Zwei. Die der Autokinder ohne echte familiäre Bindung. Oder wenn überhaupt, dann mit ganz vielen Temporäreltern. Familienliebe sieht anders aus! Alles nur ausgeliehene, überwiegend kleine und mittelgroße Pseudo-Verwandte verschiedenster Marken. Mit Standardausstattungen. Offenbar ein Zeichen der Zeit. Nichts, außer geringem Kraftstoffverbrauch, ordentlicher Sicherheitssausstattung und weiteren Nullachtfünzehn-Standardfeatures, was sie wirklich auszeichnet oder positiv emotional bewegt. Die modernen und offenbar gewollt pragmatischen Stiefkinder der Automobilität. Anonym aufgepickt, mitgenommen und irgendwo am Straßenrand wieder abgestellt. Effiziente Verkehrsnutzung von Fahrzeugen, die das mit sich machen lassen.

Die modernen und offenbar gewollt pragmatischen Stiefkinder der Automobilität.

Entliebter funktioneller Individualverkehr von heute und für morgen, um – völlig verpflichtungsfrei und Autoungebunden – von A nach B zu kommen. Der Sonderschulhof eines pragmatischen automobilen Kurzzeit-Miteinanders.

Satellitengeortete, abgeparkt inventarisierte und vorkonfektioniert ausgestattete Auszubildende der Autoindustrie sowie zukunftsweisend risikokapitalfinanzierter Auto-Verleiher. »Schöne« neue Welt für verkehrsüberdrüssige Innenstadtbewohner und Vorstadtsiedler mit ökologisch wertvoll geschärftem Verkehrsnutzergewissen. Für alles andere ist genug Geld da, nur fürs eigene Auto offenbar nicht mehr. Echt schlimm, oder?! Keine freudigen Begrüßungen beim Einsteigen, kein persönlich-individuelles Autozubehör, ja nicht mal ein liegengelassener Regenschirm, eine vergessene Sonnenbrille, ein mähnenzerzauster Teddybär oder ein anderes persönliches Accessoire mehr im Carsharing-Vehikel. Nichts, aber auch gar nichts, was darauf schließen und den Wagen hoffen ließe, dass man zusammenbleibt. Stattdessen funkverschlüsselte Codeschlösser an den Türen sowie computergechipte Fahrgastzugänge und Smartphone-Startelektronik.

Fehlen bloß noch Hygienetücher und Latex-Handschuhe in der Mittelkonsole ...

Fehlen bloß noch Hygienetücher und Latex-Handschuhe in der Mittelkonsole ... zur völlig rückstandsfrei desinfizierten und fingerabdrucklosen Kurzzeit-Anonymbenutzung.

Selbst gute Autos aus Qualitätsmarken-Häusern machen das als Carsharing-Opfer inzwischen klassenübergreifend und still leidend mit. Hauptsache, man wird überhaupt noch bewegt! Und nicht gleich gegen eine Busfahrkarte, ein Bahnticket oder ein E-Bike ausgetauscht. Sie wehren sich nicht, diese freud- und freundlosen Benutzmobile. Sind ja meist auch ziemlich klein – oder Stromer.

Ob Gott das so gewollt hat, als er oder sie die Autos als Mobilitätsfamilienmitglieder für uns Menschen erfunden hat??? Okay, Gott hat ja inzwischen auch die Spritpreis-Hyperinflation, die Kfz-Steuer, grüne Umweltminister, Siebenjahres-Autobahnbaustellen, Schlaglochkrater und Tempolimits auf fast allen Straßen tatenlos akzeptiert. Die oder der Allmächtige scheint also aktiven Fahrspaß und genussreiche Freude am entspannten Individualverkehr schon länger nicht mehr auf dem Ewigkeitsradar zu haben – oder an die falschen Heiligen zu delegieren.

Aber das ist natürlich noch längst kein Grund für noch mehr Kirchenaustritte oder ernsthafte Traurigkeit.

Aber das ist natürlich noch längst kein Grund für noch mehr Kirchenaustritte oder ernsthafte Traurigkeit. Denn es liegt ja an uns selbst, wie wir mit unseren liebsten fortbewegungs- und transportbereiten Technik- sowie Fahrspaßkindern umgehen.

Die automobilen Schulhöfe sind schließlich randvoll mit den Erst-, Zweit- und Allerbesten, die die Automobilindustrie zu bieten hat! Da ist für wirklich jeden was Passendes dabei. Egal, ob

Alt oder Jung, Single oder Paar, Familie oder Großfamilie, Hetero wie Homo, Weiß oder Bunt, Prasser wie Nachhaltige, Schöne und Schönere, Mittelbegrenzte wie echt oder gefühlt Superreiche usw., usw.

Holen wir unsere großartigen Autos einfach freudestrahlend vom Schulhof ab und nehmen sie mit nach Hause. Schließlich ist oft genug der gemeinsam gefahrene Weg das perfekte Ziel ... Genau dafür lieben sie uns übrigens ganz besonders!

Themen rund ums Auto – Was uns wirklich bewegt

Ein kleines, buchstabenkomprimiertes »A bis Z« rund um die motorgetriebene Individualmobilität

A wie Autoverkäufer

Die Blechflüsterer-Fraktion in der Verkäufergilde. Ihnen ist nichts Menschliches fremd, und mit diesem ihrem psychologischen Basis-Know-how dealen sie sich als Mobilitätsingenieure, Technikexperten, Wunscherfüller oder Traumdeuter mehr oder minder kurvenreich – aber meist seriös – durchs Autohausleben. Egal, ob in Jeans und Lederjacke oder edlem Zwirn, am Ende wollen sie immer das Eine: Kauf den tollen Wagen bei mir, am liebsten jetzt und sofort! Kleider machen bekanntlich Leute. In der Übersetzung des Autoverkäufer-Berufsstandes heißt das: die Premium- statt der Allerweltsmarke macht – meist – den Mann und dessen Auftritt. Vor allem, wenn sein Reich der riesengroße und top gepflegte Neuwagen-Showroom und nicht die deutlich dunklere, zugige Gebrauchtwagenabteilung ist. Wer verkäuferisch unter der Neuwagen-Adresse residiert, und dies am besten mit eigenem, 15 bis 20 Quadratmeter großen Glaskastenbüro-Revier statt Schreibtisch auf freier Ausstellungsfläche, der ist entweder der Juniorchef höchstselbst oder ein verkäuferischer Erfolgstyp, der im Laufe seines Automobil-Vertriebsberater-Lebens bereits den edel-blechernen Gegenwert mindestens der Schloss- und Parkallee für seine Marke unters kaufwillige Kundenvolk gebracht hat. Meist umgängliche, ebenso normale, fachlich besonders gut geschulte Zeitgenossen, die sich mit viel Sachverstand, unaufdringlich-glaubhafter Kundennähe, Serviceorientierung und einem großen Verkäuferherz im Laufe der Jahre diesen schicken Platz hart erarbeitet haben. Und vor allem von ihrer Stammkundschaft inklusive deren Weiterempfehlungen leben, Käuferinnen und Käufer, die mit ihnen in die immer größeren und teureren Autos der Premium-Marke hereingewachsen sind und sich bei »ihrem« Verkaufsberater seit X Jahren besonders wohl fühlen. Wer hier nicht gerade als ambitionierter Junior-Verkäufer den Sprung von den guten Gebrauchten oder dem Kleinwagensegment ins richtige Premiumleben vollzieht, sondern schon länger dabei ist, der kann sich den meisten klassischen Autoverkäufer-Budenzauber sparen. Und einfach nur gut und kundenzufriedenheitsorientiert beraten, statt verkäuferisch hektisch oder lautstark aufs Provisionsblech zu kloppen.

Schöner anzusehen und dabei deutlich unterhaltsamer sind natürlich die anderen, die schrägen Verkäufertypen. Zum Beispiel die selbstverliebten Gecken, die Wichtigfühler. Die bereits an und auf ihrem Schreibtischchen im Autohaus zwei Außenspiegel, drei Telefone und einen megagroßen Flachbildschirm stehen haben. Mann ist ja schließlich grenzenlos wichtig und muss – gegelte Fönfrisur und Zweireiher von Chic und Anmut am sonnenstudiogegrillten Verkäuferleib – über sich wie auch mögliche Kaufopfer immer im Bilde sein. Und kann ganz toll beschäftigt tun, wenn sich aus Versehen ein Kunde nähert. Der Klassiker: so ein Wichtigfühl-Verkäufer nimmt nach fünf bis zehn Minuten angestrengt gespieltem Scheintelefonat das Telefon kurz vom Ohr, hält dabei die Sprechmuschel unübersehbar diskret zu und fragt den potenziellen Kunden: »Hatten wir einen Termin?« Autohausbesucher, die schüchtern oder auch nur unentschlossen sind, sagen jetzt nein, entschuldigen sich artig für die Störung und treten den Rückzug an. Wer etwas mehr unterhaltsame Konfliktbereitschaft besitzt, kontert das relativ locker mit einer passenden Antwort:

»Nee, hatten wir nicht. Ich wollte mir als Aktionär unserer gemeinsamen Marke nur mal einen Eindruck davon verschaffen, ob das Verkaufspersonal wirklich so gut ist, wie mir der Vertriebsvorstand auf der letzten Hauptversammlung versichert hat.« Wenn der Wichtigfühl-Verkäufer auch nur halbwegs bei Verstand und nicht voll auf Drogen ist, kauft der Spruchgeber nach so einer Ansage nicht nur seinen ersten Neuwagen mit 70 % Grundrabatt und bekommt bei der Hereingabe seiner Gebrauchtmöhre zusätzlich fast den Listen-Neupreis. Er oder sie hat jetzt zudem eine tatkräftige kostenlose Hilfskraft zum Winterdienst der nächsten zehn Jahre für Garageneinfahrt und Bürgersteig vor dem eigenen Haus gewonnen. Es hätte also schlimmer kommen können, als im Autohaus auf einen selbstverliebten Wichtigfühl-Verkäufer zu treffen.

Schlimmer ist zum Beispiel ein hyperaktiver oder ein Kumpel-Typ als Autoverkäufer. Beides übrigens Verkäufertypen, die sich meist im C- bis D-Markensegment-Autohäuschen finden und da dann viele Autos für ganz wenig Geld verkloppen – müssen ...

Der hyperaktive Verkäufer ist immer in Action und auf dem Sprung. Ein für ihn potenzieller Kunde, egal ob Kleinkind mit Schulranzen oder Senior mit Rollator, ist kaum durch die Tür des Verkaufsraums, da steht er schon mit angeknipstem Lächeln vor ihm. Dicken Verkaufsordner unter dem linken Arm und mit der rechten, der nasskalt matschig-weichen Grußpfote unaufgefordert bereits an der potenziellen Kundenhand angedockt, schießt er seinen ersten Koberspruch ansatzlos ab: *»Hier sind Sie goldrichtig, für Sie habe ich genau das passende Auto!«* Bevor der überrumpelte Besucher überhaupt etwas sagen oder fragen kann, zieht er ihn schon zur erstbesten Karre – bei Senioren ist das gerne mal ein großer Familienkombi oder ein hautenges, tiefergelegtes Sportcoupé. *»Da haben Sie sich aber zielsicher unser Spitzenmodell ausgesucht, Kompliment, der ist wirklich wie gemacht für Sie, setzen Sie sich schon mal rein!«* Spricht's und drückt sein frisch hüftoperiertes Opfer mit gelenkknackendem Schwung hinter das Renn-Lenkrad. In unter zwei Sekunden sprintet der hyperaktive Verkäufer jetzt auf den Beifahrersitz der fehlbesetzten Kalesche und spuckt lautstark ein paar der auswendig gelernten Fahrzeugdaten raus.

Dabei fängt er konsequenterweise aber nicht mit den vielleicht ja noch halbwegs interessanten Informationen zu Typ und Baureihe an, sondern direkt mit dem Preis und möglichen Ratenkredit-Aktionen des Herstellers. Zusätzlich greift er geschickt über sein Opfer hinweg nach diversen Knöpfen auf der linken Seite von Lenkrad und Armaturenbrett und öffnet so nicht nur das elektrische Schiebedach, sondern betätigt gleichzeitig auch die gut gefüllte Scheibenwischanlage, die Hupe und die Zentralverriegelung. Hyperaktive Autoverkäufer sind eben multitaskingerprobt und lieben eindrucksvolle Vorführeffekte. Widerstand zwecklos.

Vielleicht doch nicht ganz. Wer als Autohausbesucher im Grunde gar kein neues Auto, sondern nur mal kurz auf die dortige Toilette oder – ebenfalls »nur« – ein günstiges Winterreifen-Angebot für seinen vorhandenen Wagen erfragen wollte, der sollte sich jetzt maßvoll zur Wehr setzen. Viel Zeit bleibt ihr oder ihm nämlich nicht, bevor der hyperaktive Verkäufer nach der Wischwasser-Dusche putzmunter nachlegt und seinen nächsten Überzeugungsangriff startet. Die Flucht nach vorn hilft jedenfalls immer! Beispielsweise, indem man mit dem Handy die 110 oder 112 wählt und sich qua Notruf mit Polizeigewalt befreien lässt. Freiheitsberaubung wie auch Nötigung sind selbst bei zweit- oder drittklassigen Autohäusern mit ordentlich Verkaufsdruck an der Propagandistenfront nach den Paragrafen 239 und 240 StGB solide justitiable Straftatbestände, die mit Geld- oder Freiheitsstrafe geahndet werden. Die Körperverletzung wegen der Wasserwerfer-Attacke ginge rein rechtlich übrigens extra und wirkt für den hyperaktiven Verkäufer-Täter mit Pech sogar deutlich strafverschärfend!

Eine schöne Alternative für richtig genervte, aber immer noch reaktionsstarke Belästigungsopfer hyperaktiver Autoverkäufer: Flott den Motor starten, Gang rein, Bremse raus und kräftig Gas geben. Der Wagen ist im und vom Autohaus ja bestens gegen Beschädigungen versichert. Und hyperaktive Verkäufer sind extrem fixe Kerle – die sich mit affenartiger Geschwindigkeit aus dem Beifahrersitz fallen lassen, wenn ihr ungewollt bewegter Vorführwagen ordentlich Fahrt aufnimmt, um mit Pech durch die schicke Autohaus-Doppelverglasung den Weg auf das Außengelände anzutreten. Ob die Bremsen von dem Wagen was taugen, bekommt man als Besucher so auch ganz gut raus ... mit etwas mitgebrachter Fahrpraxis sogar noch drinnen. Hauptsache, es herrscht wieder Ruhe und man kann sich wirklich mal ungestört in dem tollen Laden umsehen.

So viel Action ist mit einem Kumpeltyp als Autoverkäufer leider nicht zu haben. Er entfaltet sein verkäuferisches Nervpotenzial deutlich subtiler und zeitaufwändiger. Er versteht sich nämlich als jovialer Kunden-Belaberer. Das wird schon beim Erstkontakt deutlich. Zum Beispiel an der Garderobe des Verkäufers. Kumpel-Autoverkäufer haben bekleidungstechnisch und modisch jeden Arbeitstag »casual friday«, das heißt, sie tragen sieben Tage lang abgewetzte Jeans plus offenes Freizeithemd, übrigens oben und unten offen, das heißt, der letzte Knopf ganz unten, knapp über der Gürtelschnalle, ist wegen ihres Bauchumfangs gerne mal abgeplatzt. Und dazu laufen sie typgerecht in Cowboystiefeln oder weiß besockt in Sandalen herum. In der Hemdtasche stecken bei ihnen außerdem neben der Schachtel Kippen immer vier bis fünf Kunststoff-Kugelschreiber – natürlich zum Ausfüllen der Kaufverträge. Derart perfekt ausgerüstet, begrüßen Verkäufer-Kumpels die Besucher ihrer Verkaufs-Ställe natürlich ganz persönlich. *»Meinen Nachnamen hat ja selbst meine Frau vergessen, hahaha ... also, ich bin der Jürgen und sorge dafür, dass hier im Laden der Rubel auf die Reifen rollt, hahaha!«* Nach einmal Durchatmen als gefühlter Dramaturgiepause folgt der zweite lockere Eröffnungsspruch: *»Na, auf dem Weg zur Sparkasse schnell mal 50.000 Euro wirklich vernünftig anlegen, oder?«* Spätestens da liegt ihre Hand auf der Schulter des Opfers, das nun in die Sitzecke geschoben wird.

Nun gibt es das Getränkeangebot, vom Verkäufer-Kumpel natürlich auch noch mit einem für ihn super-witzigen Spruch garniert und serviert: *»Kaffee, Cognac oder Piccolöchen, womit darf unsere Bar Sie vor dem Kauf beglücken?«* Es gibt – was sonst – nur abgestandenen Kaffee und – kostenlos dazu – das bereits bekannte Lachen des Kumpel-Verkäufertypen über seinen nächsten Spruch. Dann macht der Autoverkäufer-Kumpel sich erst so richtig mit seinem neuen Freund auf der Kundenseite bekannt. Es geht ans Eingemachte, die Ausfragerei. Er erkundigt sich – solange sein Opfer verblüfft genug und damit grundsätzlich auskunftsbereit ist und nicht blockt – im Plauderton nach dessen Familienverhältnissen und Familienproblemen, letzten Urlauben und deren Dauer, Haus, Hof und Hypotheken, Beruf, Arbeitgeber und Jobsicherheit. Und möglichst lange so weiter. Gerne mit Auskünften über Husten, Schnupfen, Heiserkeit sowie geregelte oder ungeregelte Verdauung seines Gegenübers.

Zum Thema Auto und Wunschmodell fragt er nichts. Wozu auch, er weiß ja eh, welche Karre am dringendsten weg muss, und sucht dafür ganz einfach die psychologisch günstigste Lücke beim hoffentlich geistig simpel gestrickten Gegenüber: das Autoverkäufer-Kumpel-Einfallstor. Was eben erst richtig weit offen ist, wenn man viel voneinander weiß. Gute Kumpels wissen alles voneinander, die haben keine Geheimnisse! Also plaudert er jetzt aus seiner angeblichen Lebensgeschichte. Und das immerhin mit einem insgesamt respektablen Wahrheitsgehalt von 0,5 %, wenn man seinen Vornamen mitrechnet.

Wer als potenzieller Autokäufer nicht völlig malsche ist, der merkt sehr schnell – zum Teil ja schon an den Klamotten – was läuft und auf welch schräge Autoverkäufer-Type er da gestoßen ist. Wem es dann zudem nur um einen Autokauf und nicht um die Anbahnung einer Freundschaft mit einem adipösen, schwer transpirierenden, gefühlt bauernschlauen und nicht selten zudem überschuldeten und alkoholabhängigen Autoverkäufer-

Quatschkopf geht, der drückt zügig den Stoppknopf und steigt aus dieser Art von »Verkaufsgespräch« einfach aus. Indem er nach dem Chef des Ladens fragt und den Verkäufer-Kumpel ansonsten ignoriert. Wer etwas mehr Zeit und vielleicht sogar Lust zur maßvollen Destruktion von Verkäufertagen hat oder erst mit dem Fragenkatalog des Verkaufsheinis merkt, wo die Reise hingehen soll, der hält munter dagegen.

Beispielsweise, indem Herr oder Frau Autointeressent den Spieß umdreht und den Verkäufer mit ein paar Fragen löchert. Idealerweise zu dessen Verkaufserfolgen und den Möglichkeiten, einen Teil des Fahrzeugpreises bar und ohne Rechnung Mehrwertsteuer sparend zu begleichen. Wenn der Verkäufer-Kumpel dazu richtig Gas gibt, also ins Prahlen und Anbieten verfällt, kann das Gespräch mit zwei Abschlussfragen sinnvoll beendet werden. Erstens sollte man den Verkäufer-Kumpel zunächst um seine Visitenkarte bitten – auf der ja nicht nur der Vorname steht. Und sich nach deren Erhalt freundlich nach den Sonderkonditionen für Mitarbeiter im öffentlichen Dienst erkundigen: *»Ich arbeite übrigens beim hiesigen Finanzamt. Für ihre tollen Angebote kann ich sicher auch noch ein paar Kollegen interessieren ...«*

Nicht jedes Autohaus, insbesondere im Gebrauchtwagen-Business oder bei kleineren ausländischen Marken, verfügt für Notfälle oberhalb der Schnappatmungsebene, also bei Infarktverdacht, über einen Defibrillator im Showroom. Es muss aber dringend davon abgeraten werden, zur möglicherweise notwendigen ersthelfenden Wiederbelebung von Autoverkäufern deren hauseigene Autobatterien – selbst halb entladene – einzusetzen. Also sollte in einem solchen Fall Ruhe bewahrt und der Rettungsdienst zeitnah informiert werden. Zumal der am besten feststellen kann, ob es sich nur um eine harmlose plötzliche Kreislaufschwäche oder um etwas wirklich Ernstes handelt ...

Die meisten Autoverkäufer, egal, in welchem Outfit, sind anders als die hier beschriebenen Nervnasen-Sondermodelle. Häufig richtig nette, themenkompetente Fach-Kaufleute. Die sich vielleicht sogar mit ihrer Berufswahl einen Traum erfüllt haben. Denn wer mit Benzin im Blut hat nicht, insbesondere in jungen Jahren, selbst mal davon geträumt, seine Lust am Auto zum Beruf zu machen. Und nicht nur tagsüber in einem schicken Autohaus als gutes Geld verdienender Fachverkäufer seinen Lieblingsboliden ganz nah sein zu können, sondern am Wochenende zudem die volle Vorführwagenauswahl – vom Cabrio bis zum Sportcoupé – zur privaten Verfügung zu haben.

Also nichts wie hin ins nächste tolle Autohaus ... alle paar Jahre zum Kaufgespräch mit einem gut informierten und bestens informierenden, fairen Autoverkäufer. Und gerne alle paar Monate mal zwischendurch nur zu Besuch, der Atmosphäre wegen und um auf dem Laufenden zu bleiben. Große Autohäuser haben übrigens auch öfter an Wochenenden offen ... nicht zum Verkauf, nur zur Information über das Angebot. Eine spannende Alternative zu langweiligen Freizeitaktivitäten wie Ballerspielen am heimischen PC, oder?!

B wie Betriebsanleitung

Das Buch der Bücher, nach jedem Fahrzeugkauf wieder. Für die, die lesen können und mehr als das betriebsnötigste über ihr Auto wissen wollen. Übrigens im weiteren Verlauf eine schöne Überleitung zum Zubehörthema. Denn hier findet sich ja auch der Nutzen all der vielen Hilfs- und Helferlein-Systeme. Bei deutschen und großen internationalen Marken mit gut aufgestellten Landestöchtern in Deutschland sind Betriebsanleitungen in erstklassigem Ingenieursdeutsch verfasst. Bei ein paar kleineren ausländischen Marken haben dafür Computerprogramme oder studentische Hilfskräfte das Ingenieurs-Sprech des jeweiligen Landes unterhaltsam übersetzt. Die Belldienugsleitung lisst sich grade by denen rächt flüsig.

Wer bisher glaubte, durch schulische Lern- und Lesekompetenz – einschließlich Vollabitur – klar im intellektuellen wie auch praktischen Vorteil gegenüber bildungsfernen Schichten zu sein, der merkt bei der Erstlektüre einer aktuellen Auto-Betriebsanleitung, dass so gut wie jeder das heimische Bildungssystem deutlich zu früh verlassen hat. Und gut daran getan hätte, sich an einer der Top-TUs im Lande noch kurz ein paar Semester »Automotive Engeneering« oder zumindest »Elektrotechnik« und »Fahrzeugtechnik« zu gönnen. Ein Vollstudium in dem Segment macht vieles noch leichter: Man kann dann nicht nur die Betriebsanleitungen lesen, sondern auch selbst welche verfassen. Vielleicht am Anfang zur Probe nur mal erst über die Reparaturanleitung einer Wischwasser-Pumpe oder von halboffen hängengebliebenen automatischen Heckklappen. Inklusive der Lokalisierung ihrer Hilfs-Motörchen in den Untiefen moderner Motor- oder Kofferräume.

Richtig übel und gefährlich wird es aber erst, sobald man sich für die bordeigene Multimedia- bzw. Infotainment-Ausstattung seines modernen Neufahrzeugs interessiert. Und der irrigen Meinung ist, dazu in der Betriebsanleitung leichte Weiterbildungshilfe zum Selbermachen zu erhalten. Wie fein, ist ja alles sorgfältig und umfassend beschrieben. Pustekuchen! Das, was da steht, zu verstehen und dann auch noch richtig umzusetzen, ist nicht so ganz einfach. Denn wenn man am Straßenrand irgendwie zwischen Lesen und Programmieren in Neben-, Haupt- oder Zusatz-Menus nicht ganz bei der Sache war oder sich mal kurz unbemerkt vertippt hat, dann gibt es erstklassige Fehlprogrammierungen. Feinstes Fehlerwerk – mit oder ohne gelber bis roter Warnlämpchen-Anzeigen. Wahlweise in der »Nichts geht mehr«-Version oder gerne auch in Form neuer Nutzungsangebote, die definitiv völlig nutzlos sind. Ab da alles erstklassig und zum Glück sogar dauerhaft in die Edel-Bordelektronik einprogrammiert. Ohne Reset-Taste, die gibt es dann erst wieder in der Fachwerkstatt ... Aufgesucht von einem schockgefrorenen Fahrer nach einem mit 240 Stukkies gefahrenen Umweg von 500 Fahrkilometern, den er den hilfreich in serbisch oder mandarin via Bordlautsprechern vermittelten Navigationshilfen zu verdanken hat. Und das nur, weil er nicht nur die klassischen Systeme wie Klimaautomatik und Tempomat falsch programmiert, sondern dabei versehentlich mit ein paar Knopfdrücken auch noch die Weg- und Sprachsteuerung des Navis erwischt hat. In der Fachwerkstatt löst sich das Problem übrigens in 30 Sekunden: egal, wer gerade da ist, jeder Werkstattmitarbeiter findet die Batterie des Wagens, klemmt sie kurz ab, und schon sind alle Werkseinstellungen wieder da. Toll, kostet noch nichts, ist ein Kulanz-Service. Kfz-Mechatroniker-Lehrling im ersten Lehrjahr müsste man sein. Da hat man vielleicht in der Realschule weder Deutsch als Muttersprache noch im Leistungskurs gehabt, aber »Auto« geht prima – sogar ganz ohne umständlich geschriebene Bedienungsanleitung, einfach mit praktischem Lernwissen über die eigenen Automodelle!

Weiteres Zubehör gerne auf Anfrage. Am besten, man bucht beim Hersteller einen kurzen Einführungskurs zum neuen Fahrzeug – ein bis zwei Wochen konzentriertes Lernen unter fachlicher Werksanleitung sollten reichen. Und noch eine gute Nachricht: Beim nächsten Neufahrzeug geht in ein paar Jahren alles wieder von vorne los – aber bis dahin gibt es zusätzlich 200 neue erstklassige Zubehörteile und damit 30 spannende Seiten mehr in der Betriebsanleitung.

F wie Fahrzeugpflege

Die Wellness- und Beautyabteilung fürs liebste Kind. Caramba olé! Was gibt es Sinnlicheres, als seinen automobilen Traumpartner perfekt zu pflegen? Nichts natürlich. Töpfe, Tiegel, Tuben ... die Fahrzeugpflege ist das sichtbare Zeichen für Werterhalt und Wertschätzung in der Beziehung zwischen Mensch und Maschine. Der Sinnlichkeitsparcours, bei dem Mensch – und da vor allem Mann – ganz unverfänglich und gut begründet auf Tuchfühlung mit seiner kurvenreichen Edelmetall-Garageneroberung gehen kann.

Gepflegt sein und bleiben. Auch noch nach Ablauf der Herstellergarantie. Außen wie innen. Vom Autoshampoo über Lackreiniger und Lackpolitur bis hin zur Wachs-Lack-Versiegelung ... Standardpflege und mehr für innen, außen und untenrum. Also nichts wie ran und rein in die gute PS-Stube und dortselbst mit deutlich mehr konzentriertem Wischi als oberflächlichem Waschi zum echten Durchblick intensive Scheibenpflege betreiben, bevor das Armaturenbrett und die Seitenverkleidungen der Türen mit passenden Cockpit-Pflegemitteln gekost, soll heißen ein- und abgerieben werden. Und auch für Polster, egal, ob Stoff oder Leder, gibt es perfekt Tiefenpflegendes so sicher wie ganz feine Schäumchen. Bis dahin alles noch ziemlich normal, quasi die Basisversorgung für gut gepflegte Standardkarren, die einen halbwegs fürsorglichen Halter und Fahrer haben. Die paar Pöttchen und deren gezielte Benutzung im Vierzehntages- bis Monatsrhythmus schafft der Junior, der sich sein Taschengeld aufbessert, so sicher wie Mädel oder Mutti, die ihrem flotten Shoppingflitzer ein erfülltes Leben mit vernünftigem Wiederverkaufswert wünschen. Alles noch Spaß.

Interessanter wird da schon – bevorzugt in Reihenhaus-Siedlungen mit Freiparkflächen vor den Doppel-Carports – das Fahrzeugpflege-Schaulaufen. Dabei können Mensch und Material zuweilen richtig gefordert werden. Ganz sicher sind da die namenlosen Billig-Pflegemittelchen vom Discounter direkt mal raus. Wäre ja wie Freizeittreter vom KiK für eine 100-Meter-Lauf-Olympia-Qualifikation. Also gibt es für diese Freiland-Vorführungen im Eigenhabitat nur die besten Pflegeserien in Markenqualität! Je mehr für jedes Detail, desto besser. Es gehen also nur Pötte und Dosen aus den automobilen Wellness- und Verwöhnlaboren von Caramba, Nigrin, Sonax & Co. an den Start. In der Fahrzeug pflegenden Alterklasse Vierzig plus ist Autopflege schließlich noch gelernt! Und wird deshalb häufig besonders gerne gerade mit Caramba, der traditionsreichen Leistungsmarke der Fahrzeugpflege betrieben. Denn mit der Pflege- und Fahrzeugschutz-Feinkost ist für halbwegs ambitionierte oder routinierte Technikschützer, Lackstreichler und Innenraumverwöhner seit zig Fahr- und Pflege-Generationen die unersetzliche Traditionsmarke mit sicherem Reinigungs- und Pflege-Erfolgsversprechen bis hin zum erhöhten Wiederverkaufswert jedes irgendwann auszutauschenden Gebraucht-Bewegtblechs! Die Marke hat, wie zur Bestätigung ihres Ewigkeitswertes, kürzlich bereits ihr hundertzehnjähriges Jubiläum gefeiert. Nebenbei bemerkt hat der Hersteller auch noch – mit dem Vorgänger des heutigen Multi Spray Super Plus – das Multiöl als perfektes Schmiermittel für alle beweglichen Teile der frühen Automobilität und – lange bevor herstellerseitig aktiver Rostschutz gelernt wurde – auch den Rostlöser in Sprühdosen erfunden. Weißte Bescheid, Autopfleger: Fred Feuerstein hat das Rad erfunden, der Herr Benz den Benz Patent-Motorwagen, seine Frau die motorisierte Ein-Familien-Beförderung und Caramba die gelenkschonende und rostschützende Autopflege in Sprühdosen. Alles großartige Erfindungen und Entwicklungen, die sich im Laufe der Zeit zum Wohle des gepflegt entspannten Individualverkehrs weiterentwickelt haben ...

Im Gegensatz zum historischen Ur-Rostlöser im Druckbehälterchen kann das aktuelle und offenbar mitdenkende Super Plus Multi Spray nämlich zwischenzeitlich deutlich mehr: Es ist zusätzlich ja Schmiermittel, Kontaktspray und reinigender Rostschutz.

So eine Art Schweizer Messer oder Multitool der automobilen Schutz- und Pflegeversorgung – halt in einer Dose. Aber Achtung, als Cholesterin abbauender Brotaufstrich wird dieses Wundermittel der Sprühpflege vom Hersteller Caramba selbst für Hardcore-Pflegeflüsterer ebenso wenig empfohlen wie als Sprit-Additiv für Motorpotenz steigernde Mehr-PS unter der Kühlerhaube. Außerdem wird es in nächster Zeit wohl keine Sprühdosen ersetzende Smartphone-App dieses rezeptfreien High-End-Auto-Wirkstoffes geben. Schon schade!

Aber solange es diese App von Caramba noch nicht gibt, bleibt eben das Spray der unverzichtbare und besonders beliebte Sprüh-Helfer – mit einem der sicheren Spitzenplätze im heimischen Garagenregal der manuellen Fahrzeugpflege. Denn außer abgenutzten Ersatz-Hüftgelenken von Fahrzeug-Selbstpflegern ab Mitte 90 bekommt man damit durch ein paar gezielte regelmäßige Sprühstöße in die automobilen Problemzonen – und drum herum – so gut wie alles wieder top gepflegt flott. Garagentorscharniere, Rollatorbremsen und andere Zweitfahrzeugteile wie zum Beispiel Fahrradketten von Erwachsenen- und Kinderfahrrädern inklusive. Ein feiner Problemlöser also für die unterschiedlichsten Einsatzbereiche rund um Mobilität und Technik! Insbesondere natürlich im Autopflege-Wettkampf auf den Einfahrten und Garagenhöfen fast jeder Nachbarschaft. Egal, ob Villenviertel oder Reihenhaus-Siedlung – Hauptsache mit gutem Blickkontakt in 15 bis 500 Metern Abstand.

Denn da und jetzt läuft es wirklich, das Kräftemessen um die Plätze auf dem Sieger-Treppchen der perfekten häuslichen Fahrzeugpflege. Die Lokalvariante des bundesweiten Wettbewerbs »Mein schöner, schöner Wagen!« Und das spätestens jeden dritten Samstag im Monat, immer so zwischen 11 und 15 Uhr ... Wenn das Wetter mal nicht mitspielt, wird's halt um eine Woche verschoben. Aber der Samstag bleibt. Das Teilnehmerfeld auch: Autobegeisterte Werterhalter und Wertsteigerer mit einem Neu- oder So-gut-wie-neu-Wagen vor der Türe. Bei dem sich sofort zeigt, wer wirklich was von Fahrzeugpflege versteht. Denn ein wirklich gepflegter Gebrauchter ist nur auf den vierten Blick vom wirklich Neuen auf der Nachbareinfahrt zu unterscheiden. Geht doch!

Zumindest beim Fahrzeugpfleger der Leistungsklasse AAA+. Er ist der Perfektionist der selbst gemachten Fahrzeugpflege. Und liebt seine top gepflegte Premiumkutsche, die wie ein frisch geschlüpftes Katalogexponat wirkt. Er ist der ultimative Lack-, Felgen- und Polsterflüsterer. Der Mister Right der Fahrzeugpflege, zu dem jedes Auto in die Garage will. Der Mann, der beim Verkauf seines Auto selbst nach etlichen Jahren Nutzungsdauer und über 100.000 Kilometern Laufleistung fast Neuwagenpreise erzielt. Weil kaum ein Neuwagen werksseitig die Brillanz seines strahlenden Inneren und Äußeren hinbekommt. Die samstägliche Fahrzeugpflege ist für ihn keine Arbeit, sondern ein meditatives Zeitgeschenk, das er nicht missen möchte. Schon die Auswahl und Zusammenstellung seiner Pflegemittel ist für einen solchen Fahrzeugpflege-Enthusiasten das, was für den Sternekoch der Besuch auf dem Wochenmarkt ist. Caramba-Pflegemittel, so weit das Kennerauge reicht!

Ihm ist selbst mit geschlossenen Augen völlig klar, welches dieser Pflegemittel für jedes Körperteil seines Autos ideal ist. Und genau das setzt er – wohl dosiert und nicht volle Pulle – ein. Er ist nun mal kein »Pflegetücher-Typ«, sondern ein aktiver Befürworter von besten Cremes, dichten Schäumen und ein paar besonders wirksamen Sprays. Die er mit feinsten Tüchern, Naturschwämmen oder handgeknüpften Pflegebürsten auf sein Fahrzeug aufbringt, einmassiert bzw. einpoliert. Dabei arbeitet er sich immer schön von innen nach außen vor. Bis zum großen Finale, der Lack- und Felgenpflege. Das Schlusskapitel seines gepflegten Samstagsvergnügens beginnt im Sommer stets mit Baumharzentferner und Insektenlöser. Auf die dann das feine Shampoo, eine Wäsche mit klarem – gerne entkalktem – Wasser, eine Handtrocknung und danach mehrmalige Politur mit Watte und verschiedenen Lappen plus die abschließende Wachsversiegelung folgen. Das Sahnehäubchen ist und bleibt aber die perfekte Reinigung der Aluminiumfelgen mit »Brillant«, dem bewährt tiefenwirksamen Felgen-Schön seiner Wahl.

Wenn all das wie immer zielsicher geschafft ist – der viel zu kurze Samstagnachmittag musste schon zweimal in die Verlängerung, es ist inzwischen sechs Uhr abends – umkreist er mehrmals gesetzten, aber auch vergnügten Schrittes den Leistungsnachweis seiner erstklassigen Fahrzeugpflege. Nicht selten übrigens unter deutlichem Kenner-Applaus aus den benachbarten Einfahrten! So ein Ergebnis ist einfach nicht zu toppen. Wunderschön, selbst noch nach dem ersten Regenschauer am folgenden Ausflugs-Sonntag.

Da weiß der im Nachbarschafts-Reinigungsreigen wie immer gut platzierte zweite Sieger – vielfahrender Kombilenker – direkt, warum er mit seinem Pflegeverhalten »nur« einen tadellos sauberen Eindruck hinterlässt. Aber eben nie in den Olymp der Fahrzeugpflege einziehen wird. Er ist der gute Standardreiniger, der sein Auto vernünftig sowie handwerklich korrekt versorgt und pflegt. Der clevere »Tücher-Typ«. Einer, der gerne innen und außen – unterstützt von solider deutscher Haus- und Gartentechnik wie Staubsauger und Kärcher sowie normal und nicht kalkfrei geregelter Frischwasserzufuhr – seinen Pflegeerfolg sucht. Und natürlich findet. Alles picobello und wirklich ziemlich spiegelblank. Dank Cockpit-Pflegetüchern, Leder-Pflegetüchern, Scheiben-Reinigungstüchern und einigen ordentlichen Sprühstößen Caramba »Magic Wonder« vor und zur Außenwäsche. Das Ganze gut geschafft in knapp unter zwei Stunden netto Arbeitszeit. Der Wagen ist somit jedenfalls pünktlich zum Angrillen im Garten in Garagen- und Wochenend-Bestform. Startklar für den nächsten Familienausflug, bei dem diesmal aber die Rücksitzbank kekskrümelfreie Zone bleibt!

Aber auch das starke Geschlecht hat zur Fahrzeugpflege eine klare Position. Die es taktisch klug artikuliert. Wahlweise in der Version *»So lange ich noch Deine Hemden wasche und bügele, weißt Du ja sicher, was meinem Auto an Fahrzeugpflege gut tut. Also los jetzt!«* Oder in der »Selbst ist die Frau«-Version. Die sich häufig in einer bemerkenswert pragmatischen wie auch kostenbewussten Art der Fahrzeugpflege dokumentiert ... Waschen, Legen, Bürsten sind schlicht und günstig von der Tanke. Dafür werden die teuren Pflegekomponenten – von Frau! – sachkundig selbst erledigt. Gerne wie alle anderen Nachbarn – deutlich sichtbar vor der heimischen Haustüre. Sieht aber gerade hier nach »mehr« aus. Und ist in der Tat nicht wirklich wenig. Insbesondere die komplizierte Motor- und Bremsenreinigung sowie der Unterbodenschutz und die Hohlraumkonservierung. Störend sind da im Grunde nur die besonders sachkundigen Supermänner aus der automobilen Nachbarschaft. Die bei diesen kniffligen Profi-Aufgaben andauernd vorbeikommen, um sehr genau zu inspizieren, wofür sie ihren Fach-Werkstätten das viele Geld zur professionellen Fahrzeugpflege in den Rachen schieben. Frauen machen so was nicht. Dafür bleibt bei ihnen dann schon mal etwas Ruß in den Lamellen der Alu-Felgen hängen. Oder sogar ein halbes Fliegenbein auf dem Frontspoiler ... optisch perfekte Fahrzeugpflege ist eben doch Männersache!

M wie Mietwagen

Die Wochenend-Geliebte oder Freizeitwert-steigernde urlaubsbegleitende Sänfte auf vier Rädern ... falls es nicht gerade um eine stinknormale, funktionsgetriebene beziehungsweise reparaturbedingte Ersatzwagen-Kurzliaison oder die letzten 100 Kilometer zwischen Flughafen und Zielpunkt geht.

Ein leistungsstarkes Sport-Cabrio für den Sommer-Sonnen-Ausflug oder den Inselurlaub am Mittelmeer; der bullige SUV zur Landpartie außerhalb des öffentlichen Straßennetzes oder die mondäne Luxuslimousine zum Besuch der innerdeutschen Verwandtschaft ... Große Mietwagenfirmen bieten all dies für relativ kleines Geld. Ein paar Hunderter oder maximal ein Tausender, und jedefrau und jedermann ist für einige aufregende Tage Mitglied im Kreis der oberen automobilen Zehntausend. Und das relativ unabhängig von der eigenen Einkommenssituation und dem Lebensalter. Meist kann so eine richtig dicke automobile Pretiose schon ab einem Mindestalter von 25 Jahren, verbunden mit einem Führerscheinbesitz von drei Jahren, angemietet werden. Vorausgesetzt, mindestens eine vernünftige Kreditkarte oder eine ordentliche Barkaution steht dem Spaß- bzw. Genussmobil-Vermieter als Wiederbring-Anreiz belastbar zur Verfügung.

Sind diese paar Kriterien erfüllt, bekommt das Bewegtleben auf deutschen oder fremden Sonnen-Straßen wirklich einen positiven Sinn. Selbst im Stau auf der deutschen Bundesautobahn, in dem jede Fahrerin oder jeder Fahrer eines Leihwagen-Trüffels zum Mittelpunkt und Neidfaktor der Stop-and-Go-Karawane wird. Kinder winken einem zu, Lkw-Fahrer hupen, Bewohner mittelalter Mittelklasse-Kombis fletschen wütend die Zähne ... Das Leben der anderen konzentriert sich im eigenen Land jedenfalls schlagartig auf den Inhalt der Edelkutschen mit Orts-Kennzeichen überwiegend aus Hamburg, München, Wiesbaden, Euskirchen oder Düren. Und diskret angebrachtem kleinem Barcode an Frontscheibe oder Nummernschild. Nur für Fachleute und Lupenleser leicht identifizierbar. Maximale Aufmerksamkeit also. Übrigens auch beim versuchten Grenzübertritt nach Osteuropa. Der offiziell von Vermieterseite meist nicht gewünscht beziehungsweise streng verboten ist. Und zusätzlich von humorfreien Grenzbeamten dann und wann durch Intensivkontrollen leicht verzögert wird: *»Jetzt sehen wir uns doch mal ganz in Ruhe von innen an, welche Luft ihre hochwertigen Niederquerschnitts-Reifen getankt haben und analysieren das danach sorgfältig ... Aber keine Sorge, in spätestens drei Tagen geht es direkt flott für sie weiter!«*

Bleibt man als Mietwagen-Genießer stattdessen brav im eigenen Lande und sucht sein Ausflugsvergnügen zwischen Sylt und dem Tegernsee, passiert so was nicht. Alles bestens. Aber man sollte auch hierzulande zumindest bei der Parkplatzwahl für den temporäreren Genusswagen nicht völlig unkritisch sein. Ein paar Ecken, zum Beispiel von Berlin-Marzahn, Düsseldorf-Flingern, Frankfurt-Griesheim, Hamburg-Altona, Köln-Kalk oder München-Hasenbergl, eignen sich nicht wirklich perfekt für die schadfreie Zwischenlagerung des Leihboliden am Straßenrand. Zumindest nicht über Nacht. Gleiches gilt übrigens für Behinderten-Parkplätze an und um die beliebten Flaniermeilen der Großstädte. Sehen und gesehen werden, das gilt hier vor allem für Politessen und deren geübt Raum schaffende Unterstützer des Abschleppgewerbes. Und Autos der 100.000-Euro-plus-X-Klasse zählen bei ihnen – natürlich frei von jedem unfairerweise unterstellten Sozialneid – zur beliebtesten Jagd- und Verfrachtbeute.

Andere Länder, andere Sitten, andere Mietwagen. Wer wirklich was von einem Urlaub mit Mietwagen haben will, der bucht hier bei uns für da im Urlaub. Oder am Urlaubsort zumindest eine bekannte Mietwagenmarke. Besser ist das! Weniger aus Patriotismusgründen, als vielmehr wegen des dadurch ungeteilten, entspannten Freizeit-Bewegungswerts vor Ort. Mancher Urlauber wurde schon zum Horst, Harras oder Schrauber-Hänschen, weil seine vor Ort nach Landessitten fahrbereit gehaltene Oben ohne-Sparpreis-Mietbrezel das ganze Programm an Macken und Mucken lieferte. Ziemlicher Mist, wenn nur Romanliteratur statt passender Auto-Reparaturanleitungen im literarischen Reisegepäck miturlauben. Denn zwei Ferienwochen sind schnell rum, wenn man als autodidaktischer Selbstschrauber am Straßenrand das Puzzle der Billig-Mietkiste alle paar Kilometer aufs Neue wieder zusammensetzen muss. Die gute Nachricht dazu: wer im Urlaub am Mittelmeer die halbe Zeit mit Schraubenschlüsseln unter der Motorhaube herumwerkelt oder gut geschützt eine tropfende Ölwanne von unten abdichtet, der bekommt wenigstens keinen Sonnenbrand. Soll ja auch was wert sein, in Zeiten des Klimawandels. Die bessere Nachricht wäre aber, mit dem Mietwagen gemeinsam Land und Leute zu erkunden ... zum Schutz vor Sonnenbrand gibt es schließlich günstige Cremes. Und zum Schutz vor falschen Mietwagenangeboten vor Ort die Richtigen im Hier und Jetzt. Nicht von Captain-Leih-Adventure am Urlaubsort, sondern vom Marken-Mietwagenanbieter des hiesigen Vertrauens.

Ansonsten bieten speziell Urlaube eine perfekte Gelegenheit, sich diskret und von Nachbarn unbemerkt qua vorgebuchtem Mietwagen mit der Auswahl möglicher Neufahrzeuge für die heimische Garage zu befassen. Win-Win. Insbesondere, wenn kluge Ehemänner im Urlaub ihre Ehefrauen – rein zufällig – mit einem Mietauto überraschen und selbstfahrend erfreuen, was ansonsten ohne diese Probefahrt-Einlage zu Hause als zu groß und zu teuer abgeschmettert würde. Geht doch. Mietwagen sind also eine durch und durch nützliche Sache. Nicht nur auf Urlaubsreisen mit gut gemeinten und strategisch durchgeplanten Hintergedanken fürs künftige neue eigenheimische Bewegtblech ....

Sondern auch beim Besuch entfernter reicher Verwandter oder der geneigt zu stimmenden Erbtante in Posemuckel. Der man stilsicher motorisiert beweisen will, dass durch ihr kluges Vermächtnis »Geld zu Geld« kommt und nicht einen hoffnungslos überschuldeten Hartz-4-Haushalt teilsaniert. Wer sich hier vertrauensbildend edler Mietwagenhilfe bedient, der sollte in jedem Fall die Fahrzeug-Kennzeichen der eigenen alten Durchschnittskarre – Achtung, ist rechtlich aber streng verboten! – rechtzeitig an die Leih-Karosse tackern. Zumindest immer dann, wenn hinlänglich bekannt ist, dass man als Familienbesuch eben nicht in Hamburg, München, Wiesbaden, Euskirchen oder Düren residiert. Sondern zum Beispiel in Leipzig, Jena, Gruiten oder Herne-West wohnt.

Hilfreich ist es zudem immer, sich als Edelmietwagen-Fahrer und Flüsterer vor der entsprechenden Besuchsreise mit den Grundfunktionen und Abmessungen des Leihfahrzeugs vertraut zu machen. Denn wer bei der Einfahrt auf den Hof der zu beeindruckenden lieben fernen Verwandtschaft statt zu hupen versehentlich die Motorhaube öffnet oder schlicht die Kurve nicht kriegt und daher schwungvoll im von Koi-Karpfen bewohnten Gartenteich einparkt, der sorgt schon mal für ernste Zweifel am routinierten Umgang mit dem angeblich eigenen, schicken »neuen Wagen«. Und damit nicht nur für schlechte Unterhaltung, sondern im schlimmsten Fall sogar für dauerhaften familiären Liebesentzug. Bis hin zur Spontan-Enterbung inklusiv lebenslangem Hausverbot. Muss nicht, kann aber – also Vorsicht!

Ansonsten bietet ein guter Mietwagen, egal, ob in der »Eine Nummer größer als normal« oder in der »Kann ich mir eh niemals leisten«-Klasse ein großartiges, ungezwungenes Fahrvergnügen für besonders spannende, aber leider oft viel zu kurze Lebensmomente. In jedem Fall also erstklassige automobile Unterhaltung, die gerne das ein auf andere mal nach Wiederholung schreit .. wenn man es sich dann und wann leisten kann und will. Und nicht versehentlich doch mal besonders ordentlich und Garagen füllend im Lotto gewinnt.

M wie Motorsport

Sind wir nicht alle ein bisschen Motorsport? Spätestens seit Michael Schumacher und inzwischen auch Sebastian Vettel schon. Sogar geschlechterübergreifend, was nicht immer wirklich schön ist. Insbesondere dann nicht, wenn die eigene Frauen für »Überflüsslinge« wie den smarten Herrn Webber, den schönen Hamilton oder die angebliche »Nachwuchs-Sahneschnitte« Perez mitten in der Nacht aufstehen. Und sich daumendrückend und unter laut gestöhnten »Aahhhs« und »Ohohohos« am kurvigen Renngeschehen in Ganz-weit-Weg beteiligen – und das auch noch für die eindeutig falschen Formel-1-Fahrer. Solange sich der junge Rosberg nicht seine Ohren kupieren lässt, um auch in der demografisch geprägten Liga weiblicher Bewunderung 40+ und ++zu punkten, ist und bleibt der Junge für einen motorsportbegeisterten Ehemann – natürlich »rein fachlich« – eh die konkurrenzfreie erste Wahl mit dem höheren Potenzial bei seinem derzeitigen Team! Aber okay, belassen wir es dabei. Die Motor- und Rennsport-Idole der Älteren von uns Kerlen mit Benzin im Blut und Sitzfleisch vor der Flimmerkiste kennt heute eh nur noch die eingefleischte Szene. Und das großartige Buch »Motor Men« vom Motorbuch Verlag.

Männer mit zum Teil gerade aus heutiger Sicht extrem unsicheren Renn- und Rallye-Boliden unter dem sauschnellen Hintern. Und Gesichtern, so unverwechselbar und markant, wie sie nur der liebe Gott in seiner unendlich kreativen Menschendesign-Schmiede hinbekommt. Ungestylte Motorsport-Typen und Charakterköpfe. In zum Teil leicht ölfleckigen Overalls mit nur ein paar handverlesenen Kleinsponsoren-Aufnähern drauf, statt als Litfaßsäule bis auf den Augenschlitz im Helm mit Sponsorenwerbung zugekleistert. Eben die gute alte Zeit des Motor- und Rennsports. Mit großen deutschen Helden ohne Starallüren und auftoupierten Köppen. Richtige Motor-Männer halt. Wie in damaligen Formel-1-Kreisen zum Beispiel Rolf Stommelen, Jochen Maas, Manfred Winkelhock und der begnadet gute und wie einige andere der hier genannten so tragisch verunglückte Stefan Bellof. Und natürlich der Mann, der bis heute ein Inbegriff der deutschen Motorsport-Szene ist. Nicht nur im Formel-1-Geschäft, sondern in einer ganzen Reihe verschiedener Rennserien. Und vor allem bei den Tourenwagen: Hans-Joachim »Striezel« Stuck. Der mit seinen beiden ebenfalls extrem erfolgreichen Renn- und Tourenwagen-Kollegen und Brüdern im humorvollen Geiste sowie hammerhart fightenden Gasfuß »Poldi« Leopold Prinz von Bayern und Dieter Quester das legendäre »Trio Infernale« bildete. Alles haben die zu ihrer großen Zeit gefahren... bis auf ein paar unbrauchbare Rennsemmeln mit zu wenig Dampf unter der Haube. Und dabei extrem viel riskiert und gewonnen.

Das war zu der Zeit des Motorsports, als Rennen noch nicht von Gummi-Siedern und Edel-Chemielaboranten durch Reifenmischungsverhältnisse oder von hochqualifizierten Aerodynamik-Fachwirten mit einem Dr. Dr. Dipl.-Ing. Ing. h. c. auf dem schicken Visitenkärtchen vor Simulationsrechnern für selbstoptimierende Seitenflügel-Flaps entschieden werden konnten. Die schnelle alte Zeit, spannend und im gefahrenen Ergebnis ziemlich unvorhersehbar – von der ersten Runde bis zur Zielflagge, die längst nicht alle sahen. War echt schön. Heute ist immer noch vieles prima, aber eben auch deutlich anders. Vor allem in der Königsklasse, dem Goldesel oder auch dem Finanzgrab der Branche – je nach Position an und in der Boxengasse.

Aber der Begriff »Motorsport« umfasst schließlich gemäß Duden viele »sportliche Wettbewerbe mit Motorfahrzeugen«. Also eine ganze

Reihe verschieden klassifizierter Wettbewerbe. Und eben nicht nur die, die die großen Fernsehsender zur Primetime bringen. Neben der Formel 1 im Automobilbereich vor allem etliche spannende – in Deutschland auf verschiedenen Rennstrecken und zum Teil für kleines Geld sogar live erlebbare – Serien aus dem Tourenwagen-Bereich. Die DTM mit den Rennen in Hockenheim, auf dem Lausitz- und dem Norisring, in Oschersleben und natürlich auch am legendären Nürburgring im äußersten deutschen Westen, in der Eifel. Oder auch die komplett am Nürburgring beheimatete VLN als größte Breitensport-Rennserie der Welt. Bei der vom Serienauto bis zum reinrassigen Rennboliden Fahrzeuge in verschiedenen Klassen und über mehrere Stunden auf der Nordschleife gegeneinander antreten. Mensch und Maschine, egal, ob als einzelner Privatfahrer oder gesponsertes Team, Kühlerhaube an Autohintern und Stoßstange an Stoßstange – das ist Motorsport. Lasst Benzin in die Tanks rauschen, startet die hammerharten Karren und tretet rein ins Gaspedal ... wer bremst, verliert!

Und natürlich die seit 1970 veranstaltete, extrem spannende und anspruchsvolle Material-Mühle im Motorsport-Hexenkessel der Nürburgring-Nordschleife: Das legendäre 24-Stunden-Rennen auf dem Ring der Ringe nicht nur unter den deutschen Motorsport-Streckenkursen. Was seinerzeit erstmalig übrigens von Stuck und in der Folge auch von anderen Ikonen der PS-Zunft wie beispielsweise Niki Lauda – natürlich mit perfekter Unterstützung der Teamkollegen hinter dem Steuer und in der Box – gewonnen wurde. Hier fährt bis heute alljährlich im großen Starterfeld möglichst ausfallfrei und dann tatsächlich einmal rund um die Uhr, wer wirklich Rennen fahren kann. Und wessen Herz ungeteilt für den Motorsport schlägt ... geht doch gut und in schnellem Takt – solange nur genug Benzin im Tank und im Blut ist!

Eine großartige Alternative für Motorsportfreunde mit echten Retro-Genen und vielleicht auch neugierigem, noch infizierbarem Nachwuchs an der Hand, sind zudem die großen Oldtimer-Termine im Jahreskalender der deutschen Renn- und Motorsportstrecken. Wie zum Beispiel – ja, schon wieder in der Eifel – das alljährliche »ADAC Eifelrennen« oder der nicht minder beliebte »AVD Oldtimer-Grand-Prix«. Echte Publikumsmagneten mit zehntausenden begeisterten Zuschauern. Und großen Starterfeldern in verschiedenen Alters- und Leistungsklassen. Bunte, laute und benzinduftige Mischungen bewegter Oldtimer- und Technikausstellungen und hochspannender Streckenfights. Bei denen die bereiften Millionenwerte eben nicht materialschonend auf Anhängern über den Kurs gezogen werden. Sondern von einem kleinen, handverlesenen Kreis motorisierter Gentlemen verschiedenster Länder mit kaltem Blut, konzentriertem Auge und heißem Rennfahrerherz zum Teil mit Zwischen-, aber fast immer auch Vollgas am liebsten unfallfrei um die Kurven gezirkelt werden. Die schenken sich fahrerisch nichts. Schon gar nicht bei der Chance auf ein gelungenes Überholmanöver und eine bessere Platzierung!

Was das ein auf das andere Mal nach so einem Oldtimer-Rennen bei den Gattinnen verunfallter Fahrer für feuchte Augen sorgt. Der 1963er Ferrari übel geschrottet, heißt für die andere Ehe-Seite dann wahlweise: Sein Haus, sein kaputter Oldtimer – also das bereits reservierte neue Bulgari-Armband jetzt doch noch nicht. Oder: knapp daneben ist auch vorbei, der Alte ist wieder lebend aus der Karre rausgekrabbelt da muss der dreißig Jahre jüngere Golftrainer als potenzieller Folge-Gatte sich leider noch ein paar Rennen gedulden. Wird schon noch. Sein künftiger Startplatz ist bis auf weiteres sicher – solange er sich nicht für alte Autos interessiert. Motorsport hat eben immer was mit Leidenschaft zu tun. Selbst für die, die er im Grunde gar nicht interessiert.

S wie Straßenverkehrs-Ordnung (StVO)

Die eilige Schrift des automobilen deutschen Verkehrswesens. Das Buch der Bücher für Automobilisten, Automobiletten und Automobilöse sowie andere zur Straßenverkehrsteilnahme Befähigte ... um es mal zeitgeistlich trendgerecht geschlechterneutral zu formulieren. Insgesamt 53 Paragrafen fett und an Deutlichkeit teilweise immer noch prima zu überbieten, was Verkehrsrechtler im öffentlichen Dienst und ihre freiberuflichen AnwaltskollegInnen wenn schon nicht offen freut, so aber doch arbeitserhaltend intensiv beschäftigt.

Die Lern- und Lehrschrift für mobile Punktesammler oder Besserfahrer. Leider ein in relativ drögem Amtsdeutsch formuliertes Stück Rechtsregelwerk, was deshalb im Laufe der nun folgenden Inhaltskommentierungen mit einigen unterhaltenden Tipps und beachtenswerten Hinweisen von Rechtsanwalt und Verkehrsrechtsexperte Franz Obst begleitet wird. Die Freude an der StVO-Lektüre beginnt schon mit dem ersten Paragrafen. Da geht es um die wirklich simplen Grundregeln. Also beispielsweise um »gegenseitige Rücksichtnahme«. Toll, sagen der geneigte Senior-Autoroutinier, der mittelalte Parkplatz-Schnellbesetzer genau wie jeder zweite stressgeplagte Fahrradkurier: Was will man mehr?! Nix! Wenn alle anderen auf mich Rücksicht nehmen, gibt es null Probleme auf den Straßen. Und nebenbei auch deutlich weniger abgefahrene oder weggetretene Seitenspiegel an verkehrsbeteiligten Fremdfahrzeugen. Rücksichtnahme ist schon mal richtig gut, wenn sich nur alle anderen dran halten. Will der Gesetzgeber schließlich so.

Genau wie seine Regeln zur Straßenbenutzung durch Fahrzeuge, die sich – leider nur einsprachig und damit nicht in den Landessprachen der vielen netten osteuropäischen Transitgäste mit ihren perfekt gewarteten und gepflegten 30- bis 300-Tonnern – ebenfalls ziemlich weit vorn in der StVO finden. Wer von denen weiß also schon, dass in Deutschland selbst innerorts Fahrgeschwindigkeiten unter 140 km/h, intakte Bremssysteme, Obergewichtsgrenzen in der Beladung, klar definierte Ladungssicherung, Reifen mit noch messbarer Profiltiefe und Fahrtzeiten von unter 30 Stunden pro Tag nicht nur zum guten Ton des Miteinanders automobiler Bewegtheit gehören, sondern regelrecht Pflicht sind?! Und es daher auch gern gesehen wird, dass sich wirklich jeder Verkehrsteilnehmer – selbst als Kurzzeitgast auf deutschen Straßen – daran hält. Die gute Nachricht für all diese unwissend Betroffenen und mit Pech Erwischten: bei uns sieht die Straßenverkehrs-Ordnung für entsprechende Regelmissachtungen aus übergeordneten humanitären Erwägungen weder jahrelangen Knast noch ein paar Hundert Stockhiebe auf die Fußsohlen geschweige denn die öffentliche Abtrennung von bewegungsrelevanten Gliedmaßen vor. Sondern begnügt sich mit zeitnaher Bußgeldeinziehung. Die inzwischen häufig sogar direkt am Straßenrand und per Kreditkarte möglich ist. Durch die Polizei, die wahren Freunde und Helfer ... selbst beim zeitsparenden Bußgeldinkasso für in- und ausländische Schwer- oder Schnelllasttransporter.

Aber das ist nur der Anfang. Die Straßenverkehrsordnung geht jeden an, der öffentlichen Verkehrsraum betritt, begeht, beparkt und befährt. Vom Fußgänger, Radfahrer, Benutzer von Schiebe- und Greifrollstühlen über Lenker von Rodelschlitten, Kinderwagen, Rollern, Inline-Skates und Rollschuhen bis hin zu Fahrern von Kraft- und Schienenfahrzeugen ... Für jeden ist was dabei, und alles ist perfekt geregelt. Im ruhenden wie fließenden Verkehr. Selbst Haus- und Stalltiere haben hier ein gut geregeltes Plätzchen mit einem eigen Paragrafen.

Und sind, wenn sie den Verkehr gefährden können, von der Straße fernzuhalten. Wer sich also als Großwild-Dompteur nachts hackevoll von seinem indischen Reitelefanten nach Hause bringen lässt, der sollte den Gehweg benutzten und dabei das Tier an der so kurzen Leine führen, dass es nicht auf die Straße laufen kann. Oder sich zumindest gut anschnallen, falls er heim reitet und dazu mit dem Tierchen die Straße benutzt.

Rechtsanwalt Franz Obst *zum Thema »nächtliche Trunkenheitsritte von Elefanten-Dompteuren«:*

Es ist gleich aus mehreren Gründen von einem solchen Unterfangen klar abzuraten. Die gesetzlich festgelegten Blutalkohol-Grenzen gelten wie auch alle anderen Verkehrsregeln für jeden Verkehrsteilnehmer gleichermaßen. Also auch für Elefantenreiter, obwohl sie in den Paragrafen 24 und 28 StVO nicht explizit erwähnt sind. Demzufolge werden bei nachgewiesenem Kontrollverlust im Straßenverkehr und damit einhergehender Verkehrsgefährdung je nach Schweregrad auch Elefantenjockeys mit einem empfindlichen Bußgeld inklusive Führerschein-Entzug zu rechnen haben. Selbst abgesattelt und leinengeführt ist – schon ohne zusätzlichen Alkoholeinfluss – gerade nachts im Umgang mit Großtieren wie Elefanten besondere Sorgfalt im Straßenverkehr geboten. Der Gesetzgeber schreibt vor, dass in einem solchen Fall, nach vorn und hinten gut sichtbar, eine nicht blendende Leuchte mit weißem Licht auf der linken Seite mitzuführen ist.

Danke, StVO! Nicht nur dafür. Sondern auch für manch anderen unverzichtbaren weil lebenserhaltenden Erkenntnisgewinn. So müssen Fußgänger gemäß Paragraf 25 StVO Gehwege benutzen, ihr geschütztes Stammrevier. Auf denen analog dazu Fahrzeuge gemäß Paragraf 2 StVO nichts verloren haben, weil sie – logo – zur Straßenbenutzung verpflichtet sind. Die hybriden Verkehrsteilnehmer, die sich als Fahrradfahrer nicht selten auf Gehwegen wie Straßen zu Hause fühlen und tummeln, sollten wissen: so geht es eindeutig nicht! Gehwege sind für sie ab einem Alter von elf Jahren, zumindest aufgesessen, eindeutig passee. Weißte Bescheid, Fahrradkurier ... Gehwege sind nicht Deine ganz persönliche Rennpiste! Weder im Frankfurter Bankenviertel noch im Berliner Kiez. Wenn Deine Brut den Job übernimmt, ist das wieder was anderes. Aber Kinderarbeit ist ja auch im Fahrradkurier-Business zum Glück verboten!

Rechtsanwalt Franz Obst zum Thema »Radfahrer im öffentlichen Straßenverkehr«:

Fahrradfahren ist nicht nur erstklassige gesunde Freizeitgestaltung, sondern auch unter Umweltschutzaspekten als Fortbewegungsmethode eine absolut feine Sache. Fast jeder Deutsche besitzt und benutzt ein Fahrrad und verhält sich dabei umsichtig, vorsichtig und rücksichtsvoll. Von Kindesbeinen an. Aber nicht nur die Zahl der Autos hat in den letzten Jahrzehnten rapide zugenommen, sondern auch die der Radfahrer. Seit ein paar Jahren verstärkt in Form elektromotorisierter Radfahrer, Besitzern sogenannter Pedelecs oder E-Bikes. Eine großartige technische Weiterentwicklung der Strampel-Bewegung, die für die meisten Benutzer – auch in fortgeschrittenem Lebensalter – nur Vorteile bringt. Aber gerade in der gemeinsamen Nutzung des Straßenraums mit Fußgängern und Kraftfahrzeugen aller Art noch mehr Rücksichtnahme erfordert. Pedelecs bis 25 km/h Höchstgeschwindigkeit gelten gemäß StVO als Fahrräder – für sie gelten somit dieselben Vorschriften! Gerade sie haben also, wie alle Fahrräder, deren Fahrer älter als zehn Jahre sind, definitiv nichts auf Gehwegen verloren. Und sollten auf Fahrbahnen, auf denen sie sich zwangsläufig den Verkehrsraum mit Kraftfahrzeugen teilen, besonders umsichtig bewegt werden. Noch ein wichtiger Tipp für alle Freizeit-Radfahrer, insbesondere für Familienausflügler bei ihren Überlandtouren ins Grüne: Gemäß Paragraf 2 (4) StVO müssen Fahrräder auf Straßen hintereinander fahren. Und dürfen nur dann nebeneinander fahren, wenn dadurch der Verkehr nicht behindert wird. Also bitte nicht auf unübersichtlichen Landstraßen mit der ganzen Familie munter plauschend nebeneinander in die Pedale treten ... das ist nicht nur verboten, sondern auch lebensgefährlich!

Gute Ratschläge, die den gesunden, sozialkompetenten Radfahrerverstand mit der StVO schnell auf einen Nenner bringen. Genau wie die Hinweise dieser Ordnung zum Thema Bahnübergänge, auf die aber wohl jeder auch selbst kommt, der im schulischen Physikunterricht nicht völlig gepennt hat: Die Sache mit dem Zusammentreffen von sich mit unterschiedlicher Geschwindigkeit aufeinander zu bewegenden Massen und deren Aufprallenergie. Die StVO will so was nicht und verbietet es daher beispielsweise an Bahnübergängen. Dort haben gemäß Paragraf 19 StVO Schienenfahrzeuge Vorrang. Neudeutsch: Kommt an einem Bahnübergang ein Zug auf seiner Schiene vorbei, sucht man als Nicht-Schienenfahrzeug nicht die Konfrontation und hält drauf, sondern lässt das Schienenfahrzeug passieren. Besser ist das! Selbst wenn man einen richtig dicken SUV inklusive Rammschutz fährt und der Zug von links kommt und damit eine an anderer Stelle anerkannte Vorfahrtsregel bricht. Danke, StVO!

Rechtsanwalt Franz Obst zum Thema »Recht des Stärkeren im Straßenverkehr«:

Auge um Auge, Zahn um Zahn« gehört als Prinzip so wenig zum vernünftigen Miteinander im Straßenverkehr wie die vermeintlich berechtigte Umsetzung eigener Verkehrsrechte. Völlig egal, ob man sich im Recht und damit in einer Posi-

tion der Stärke glaubt, selbst nach dem Regelwerk der StVO. Die oberste Grundregel im Straßenverkehr ist immer gegenseitige Rücksichtnahme! Wen diese Regel nicht interessiert, der hat im Grunde nichts auf unseren Straßen verloren. Was hilft es beispielsweise, wenn man sein vermeintliches Vorfahrtsrecht dadurch durchsetzt, dass man es zulässt, das ein anderer Verkehrsteilnehmer, der die Vorfahrtsregel missachtet, einem in die Fahrertüre fährt? Recht gehabt und durchgesetzt – aber dafür vier Monate im Krankenhaus? Schön doof, zumal es meist noch eine Teilschuld gibt. Bin ich zudem »stärker« als der Verkehrsteilnehmer vor mir, nur weil ich ihn mit ein paar PS mehr unter meiner Kühlerhaube durch dichtes Auffahren und Lichthupen so bedränge, dass er unter Umständen einen Fahrfehler begeht und dadurch sich, mich und unbeteiligte Dritte gesundheits- oder lebensbedrohlich gefährdet? Eigene Stärke beweist man gerade im Straßenverkehr durch Nachgiebigkeit, Toleranz und Rücksichtnahme. Der Klügere gibt nach – bevor es knallt. Und verzichtet dabei besser auf die früher so beliebten Handzeichen und Fingerspiele mit Erfolgskontrolle im Rückspiegel. Vieles von dem, was gefühlt besonders starke Straßenrambos und PS-Junkies als Stärke definieren, ist nämlich rechtlich relevant eine ganze Ecke über der StVO angesiedelt. Im Strafgesetzbuch StGB! Beleidigung, Nötigung, Körperverletzung etc. Das ganze Klavier der üblen Rechtsbrüche, egal ob zu Fuß, Pedal-getrieben oder hinter dem Lenker und Lenkrad begangen. Alles andere als Kavaliersdelikte, die völlig berechtigt als Zusatzstrafe neben dem regulären Strafmaß auch noch – da kommt die StVO wieder zum Zug – fast immer einen Führerschein-Entzug bedeuten!

Nichts für ungut, aber genau das gehört bei allem humorvollen Umgang mit dem »liebsten Kind der Deutschen« natürlich auch hierhin. Egal, ob mit oder ohne StVO-Sanktionskatalog! Jetzt aber noch mal zurück zum Text. Und dem Teil, wo es wirklich amtlich wird. Im Teil 2. mit den Zeichen und Verkehrseinrichtungen! Schnell gelernt ist da, dass das wichtigste

Verkehrsschild im Grunde die Polizei selbst ist. Spätestens dann, wenn so ein blau oder grün gewandetes und bemütztes Helferlein (geschlechtsneutral formuliert) mitten auf einer Kreuzung die Arme ausstreckt. Mindestens ein Arm ausgestreckt – europäisches Verkehrsrecht würde hier sicher auch noch den Armneigungswinkel und die polizeilich einsatzrelevante Mindestarmlänge inklusiv Dienstbekleidungsnorm vorgeben, die StVO aber noch nicht – und das quer zur Fahrtrichtung, heißt für frontal anwechselnde (Jägersprache) Fahrtausübende: Bleib bloß stehen, sofort! Die gute Nachricht für den Querverkehr lautet in einem solchen Fall, fahrt schön vorsichtig am verbeamteten Lebend-Verkehrsschild vorbei. Aber bitte bloß nicht winken! Sonst winkt der freundliche Polizist aus Versehen zurück. Und wird vermittels dieser seiner Zeichenänderung unter Umständen spontan von den zwei weiteren dann ebenfalls fahrtberechtigten Seiten gleichzeitig überfahren. Das will wirklich niemand. Ansonsten ist aber immer den Anweisungen der Polizeibeamten Folge zu leisten. Fast immer. Als Ehefrauen oder Ehemänner der Ordnungshüter außerhalb deren Dienstzeiten natürlich nur bei akutem Regelungsbedarf oder Gefahr im Verzuge ... Über Partnerpflichten von Polizeiangehörigen steht in der StVO natürlich nichts, das findet sich eher im BGB unter Familienrecht.

Dafür bietet die StVO einiges zum Thema »blaues und gelbes Blinklicht«. In Paragraf 38 StVO. Blaues Blinklicht allein darf demzufolge nur von den damit ausgerüsteten Fahrzeugen und nur zur Warnung an Unfall- oder sonstigen Einsatzstellen usw., usw. verwendet werden. Klasse. Da steht aber nichts genaues darüber, wer es verwenden darf, zumindest nicht in der StVO. Die ganz offenkundig noch nicht die astreine Smartphone-App »Blaulicht XL« kennt. Das Ding kann, nach Eintritt der Dämmerung im Auto bestens für alle anderen Verkehrsteilnehmer sichtbar, ein erstklassiges relativ aufmerksamkeitsstarkes Blaulicht produzieren. Blinkintervall mit Touchscreen-Schieber frei wählbar, andere Farben neben Blau auch. Lichtsignalbegleitendes »Tatütata« bietet die App leider nicht, das gibt es als sinnvolle Ergänzung im Download mit der »Lästig App«! Wenn also abends beim Pizzaboten mal wieder höchste Eile geboten ist, weil die halbgaren Matschepampe-Teigpappen sonst schon vor dem Eintreffen beim hungrigen Kunden völlig kalt sind, ist die Problemlösung doch ganz klar: Zwei gute Smartphones mit großem Bildschirm und StVO relevanter App-Ausstattung machen jede Piste ruckzuck frei und im Eiltempo befahrbar. Ist aber verboten, oder????

Rechtsanwalt Franz Obst *zum Thema »Pizzatransportbeschleunigung durch Einsatz von Blaulicht-Apps«:*

In der Tat, verboten! Nette Idee als Partygag im heimischen Keller. Im Straßenverkehr eingesetzt jedoch ein solider Rechtsbruch. Von dem aus anwaltlicher Sicht präventiv sehr dringend abzuraten ist! Blaue Rundumkennleuchten, also Blaulicht und sogenanntes Martinshorn – heute Einsatzhorn genannt –, sind im Straßenverkehr, egal, ob einzeln oder gemeinsam benutzt, den Dienstfahrzeugen von Polizei, Feuerwehr, THW, Notärzten und sonstigen offiziellen Rettungsdiensten mit Sonderrechten vorbehalten. Und selbst von denen dürfen sie nur bei Einsatzfahrten und nach einer festgelegten Skalierung der einzelnen Einsatzbedeutung eingesetzt werden. Das regelt der Paragraf 38 StVO sehr präzise und unmissverständlich. Die missbräuchliche Verwendung, insbesondere durch unbefugte – also normale Verkehrsteilnehmer wird im besten Fall als Ordnungswidrigkeit geahndet. So etwas kann aber auch, wenn ein damit befasster Richter eine »Amtsanmaßung« erkennt, weil man sich als Polizist ausgegeben oder andere Verkehrsteilnehmer durch sein Vorgehen maßgeblich gefährdet hat, als Straftatbestand gewertet werden. Dann ist nicht nur der Führerschein weg, sondern es geht juris-

tisch direkt um sehr viel mehr. Smartphone-Apps, die bei missbräuchlicher Nutzung Vorstrafen und Führerscheinentzug produzieren, sind demzufolge nur für diejenigen sinnvoll, die gleichzeitig eine »Straffreiheits-App« auf ihrem Mobiltelefon haben. Die gibt es aber noch nicht. Also Finger weg von solchen Spielereien! In jedem Fall außerhalb der eigenen vier Wände oder des eigenen privaten Garagenhofs!

Schade, schade. Nix als Regeln, die gefühlt mehr verbieten, als sie erlauben, in dieser StVO. Wer noch mehr darüber wissen will, der liest sich diese spannende Pflichtlektüre des Straßenverkehrs alle paar Jahre mal ganz in Ruhe durch. Die neueste Fassung datiert vom 6. März 2013 und findet sich im Bundesgesetzblatt Jahrgang 2013 Teil I Nr. 12. Übrigens, das sollte jetzt aber niemanden erschrecken: man muss die StVO als aktiver Teilnehmer am Straßenverkehr und insbesondere Führerscheininhaber sogar kennen und sich präzise daran halten. Der Gesetzgeber will es so. Ups!

Z wie Zubehör

Man nehme ein fahrtüchtiges Auto und statte es zusätzlich perfekt aus ... so die klassische Zubehörformel seit Autofahrergedenken. Klingt doch prima. Bis zu dem Punkt, wo zwischen sinnvollem und sinnlosem Zubehör zu unterscheiden ist. Heute, also in Zeiten von »Konfiguratoren« statt dünner Zubehörlistchen vergangener Tage, ist das alles andere als einfach – schon der Auswahl wegen. In der guten und sehr guten alten Zeit war die Zubehördiskussion ein Fünf-Minuten-Thema: es wurde genommen, was der Hersteller anbot – oder budgetbedingt leider manchmal auch weggelassen. Vor ein paar Jahrzehnten waren das noch ganz wenige, aber trotzdem spannende Dinge. Wie zum Beispiel ein Außenspiegel auf der Beifahrerseite. Oder eine Halterung fürs Koffer-Radio. Glaubt heute kein Mensch, war aber echt so. Kostenloses Zubehör in jenen Tagen war übrigens vor allem der breite Kofferraum-Deckel. Warum? Weil man gerade da perfekt zeigen konnte, dass der Wagen alles andere als ein Nesthocker – also Garagen-Warmparker – war. Mit supertollen Aufklebern von jedem automobil besuchten und halbwegs sauber kartografierten Flecken in ganz Europa. Es kamen aber nur Aufkleber der Orte auf den breiten, c_W-Wert-freien Autohintern, an denen Mensch und Maschine zuvor auch tatsächlich gemeinsam gewesen waren – nicht selten nach leider schon mal kurz von einem gerissenen Keilriemen und kochendem Kühler bei Alpenüberquerungen Richtung Süden unterbrochener Anfahrt. Das war Ehrensache, genau wie die Aufkleber-Dokumentation des Automobilclubs der eigenen Wahl und der staatsbürgerlichen Zugehörigkeit. Ohne dickes schwarzes »D« auf ovalem weißem Grund ging lange gar nichts. Der Klebezirkus auf den Auto-Heckklappen verschwand dann aber Schritt für Schritt still und leise von der automobilen Zubehör-Bildfläche – zumindest bei Pkws. Ein paar Jahre später kamen fest eingebaute Radios mit Verkehrsnachrichten-Taste als sinnvolles Zubehör ebenso in viele Wagen wie eine ganze Reihe – meist noch aufpreispflichtiger – Sicherheitsutensilien. Kopfstützen und Sicherheitsgurte waren plötzlich nicht mehr nur im Gespräch, sondern bereits als sinnvolles Zubehör für ordentliche Aufpreise bestellbar. Übrigens weit vor der eigentlichen Gurtpflicht. Und auch die Außenoptik in Form einer immer breiteren Auswahl an Fahrzeugfarben wie auch moderner Alufelgen-Kreationen statt in Wagenfarbe lackierter Radkappen geriet zunehmend ins Visier zeitgeistlicher Ausstattungs- und Zubehörtrends. Es gab also selbst farblich voll was auf die Augen. Schwarz war auch damals schon Trendfarbe – aber nur bei Leichenwagen und Taxen und keineswegs bei

Otto oder Ottilie Normalfahrerin. Die bedienten sich entweder beim neutralen Weiß oder viel lieber bei Knatterorange, Giftgrün oder Knallrot. Und das, obwohl wirklich kein namhafter Autohersteller jener Zeit die zu diesen Farborgien passenden und auf der Hutablage zu lagernden Wackeldackel oder Klorollen-Mützchen auf seiner Zubehörliste hatte.

Wieder ein paar Jahre später im verblichenen letzten Jahrhundert verloren Ausstattung und Autozubehör dann erneut einen Teil ihrer verspielten Kitsch-Unschuld. Durch epochale Neuheiten mit begrenztem Nutzwert, dafür aber deutlicher Sichtbarkeit, wie vor allem den megadicken Front- und Heckspoileranbauten. Zierrat, den natürlich kein Hersteller, sondern der damals bereits deutlich hemmungslosere freie Zubehörhandel lieferte. Autozubehör aus den offiziellen Herstellerlisten blieb und bleibt bis heute weitgehend »komfortorientiert« und inzwischen natürlich noch lieber »sicherheitsrelevant«.

Heute geht auf den offiziellen Ausstattungs- und Zubehörlisten mancher Marken von der Multimedia-Navi-Anlage über fünfzehnstufig verstellbare Massagesitze mit wahlweiser Acht-Zonen-Luft- oder Wasserbepolsterung bis hin zum Panoramadach mit Solar-Paneelen fast alles. Klimaanlage und automatische Fensterheber sind seit X Jahren eh Standard, genau wie Abstandspiepser in der Heckstoßstange. Unsere Autos strotzen inzwischen vor Zubehör für jeden gut gefüllten und ausgabeoffenen Geldbeutel. Autopuristen – also vor allem PS und Hubraum schätzende »Selbstschalter« der Geburtsjahrgänge 1970 und drunter – verspotten einiges davon als überflüssigen Tand. Aber selbst sie, also die robusten bis harten im automobilen Fahrergarten, schwören inzwischen zumindest auf ausgefeilte Sicherheits- und dann und wann sogar Klang- oder Tontechnik in ihren Fahrzeugen. Denn eine ordentliche Hi-Fi-Anlage dimmt das Gemotze oder Gekreische auf dem Beifahrersitz auf ein erträgliches Maß herunter, wenn der Gasfuß mal wieder etwas lebhafter bewegt wird.

Eines ist in jedem Fall unbestreitbar und bietet keinen Raum für mehr oder minder milden Spott: Echtes Sicherheitszubehör und dessen Weiterentwicklung durch die Fahrzeugindustrie ist alles andere als Schnickschnack, sondern verdient es, nicht nur lobend als lebensrettend erwähnt, sondern auch von Autokäufern als hilfreich und notwendig mit disponiert zu werden! Von A wie Abstandswarner über I wie Insassenschutzsysteme bis zu R wie Radarsensoren und Z wie ... na, dann überlegt mal schön: Sicherheitszubehör, das mit »Z« anfängt, fehlt völlig – scheint eine Buchstaben- und Marktlücke zu sein.

Folgt man darüber hinaus jedoch der Argumentation von Teilen der Automobilindustrie in Hinblick auf all die putzigen Ingenieursspielereien und den inzwischen riesengroßen Sack voll aufpreispflichtiger zusätzlicher An- oder Einbauteil-Optionen und deren vorgeblich komfortsteigernder Wirkung im Neuwagen, endet so etwas für Normalkäufer- und Autonutzer häufig in der Kopfschüttelecke. Bereits dort, wo bei einigen Autoherstellern aus ursprünglich leicht zu durchblätternden gedruckten Hochglanzkatalogen von maximal 30 Seiten inzwischen – als Download im Netz – gefühlt zweihundertseitige »Must have«-Zubehör-Fibeln wurden. Obwohl ja irgendwie immer noch einiges ginge, speziell für die tollen, dicken Geländewagen, die heute ja voll im Trend und beim Kaufvolk so beliebt sind. Echte Wochenend-Naturburschen oder -burschinnen vermissen in ihren schicken dicken SUVs als besonders nützliches Zubehör schmerzlich die Wasch-, Trockner- und Bügelkombination zur Zwischendurch- und Schnellreinigung aushäusig verdreckter Freizeitbekleidung. Platz im Heckabteil wäre dafür ja reichlich vorhanden. Genau wie der hydraulisch durch das Panorama-Glasdach ausfahrbare Doppel-Hochsitz auf sämtlichen Zubehörlisten fehlt! Alles andere als eine Spielerei, nicht nur wegen der denkbaren Wildbeobachtung in Feld und Flur: so ein SUV-Hochsitz schafft Beobachtungsgleichstand mit der Trucker-Gilde, was gerade bei Staus auf Autobahnen ein echtes Unterhaltungsplus liefern würde!

Aber nicht nur bei SUVs gibt es noch ein paar Angebotslücken im Zubehörkatalog, auch für große Limousinen ist noch längst nicht alles Drum und Dran zu haben. So fehlen häufig ein paar Genuss-Seiten in den Zubehörprogrammen. Selbst bei den Premium- und High-Premium-Herstellern. Ein Skandal! Wer von uns vermisst nicht in seiner ansonsten gut gefüllten Mittelkonsole den Espresso-Vollautomaten mit Tassen-zum-Mund-Zuführer ... gerade zur übermüdungsfreien nächtlichen Fahrt mit 220 km/h auf deutschen Autobahnen. Oder die pneumatische, Inboard-kamera-gesteuerte Obstsalat-Einwurfmechanik für den gesunden Snack zwischendurch – in jedem befahrbaren Gelände. Oder der selbsttätig stand- und fahrdynamische Lackkratzer-Vermeidungsassistent, gerne optional ergänzt um ein automatisches Parklücken-Blockiersystem ... für rüstige Auto-Senioren ab Mitte 90! Alles zumindest so noch nicht erfunden.

Bleibt also bitte dran, liebe kreative Zubehörplaner ab Werk wie auch in der Zulieferindustrie, es lohnt sich. Für Euch und all die zubehörverliebten kaufkräftigen Fans hinter den Lenkrädern. In jedem Fall mindestens noch so lange, wie sie noch nicht als ehemalige Fahrer ferngesteuert und damit tatenlos hinter dem Steuer oder selbst auf der Rücksitzbank Platz nehmen können – oder es gar müssen. Wenn es so weit ist, wird mancher große Zubehörfan von heute mit Pech zum Original dieses langweiligen Fahrkomforts wechseln und – seines urbanen Selbstfahrer-Fahrspaßes beraubt – mit Bedauern auf Busse und Bahnen umsteigen.

Dank

Zunächst möchte ich mich bei ein paar von den Autos bedanken, die meinen Lebensweg begleitet und mir dadurch einige Schreibinspirationen für dieses Buch geboten haben: Danke meinem ersten schwarzen Kadett GSI in den 1980er Jahren! Du warst mein gelebtes Golf-GTI-Gift – bis zum ungewollten winterlichen Überschlag mit Böschungsrolle. Dank auch Dir, launisch-genialer Delta HF 4WD für die kurze, hammerharte Allrad- und Turbo-Fahrerlebniszeit zwischen den zahlreichen Werkstattaufenthalten ... Du hast mich als nervenaufreibendes PS-Aas echt herausgefordert! Im Zeitsprung der Jahrzehnte danke ich zudem meinem perfekten 728i! Der mich nach einer Reihe erstklassiger E- sowie S-Klassen und 5er vom Design, Komfort, der spürbar souveränen Sicherheit und seinen völlig störungsfreien Langstrecken-Fahrleistungen her absolut überzeugt hat. Du bleibst ein unvergessliches Highlight aus meinem Vielfahrer-Lebensabschnitt! Genau wie der erste A6 als Avant 2.5 TDI Quattro, der mit über 230.000 Kilometern auf der Uhr bei uns immer noch brav als unverwüstliche Familienkutsche mitläuft. Und damit sogar kürzlich meinen Parkflächen und Unterhaltskosten fressenden Lieblings-SUV-Laster Q7 tiefenentspannt und in Summe preiswert überlebt hat.

Hier und heute danke ich besonders – maßvolles automobiles Downsizing kann ja aufregend und dabei ganz schön praktisch sein – einem fein motorisierten und perfekt ausgestatteten Outdoor-Schweden. Meinem Volvo XC 60 D5

AWD! Ich mag und schätze diesen kultig sicheren und dank seiner 215 Twinturbo-PS auch spritzigen Allradler, den ich ganzjährig bei allen Witterungsverhältnissen fast überall mit hin nehmen kann. Natürlich auch ins Gelände, selbst zum Angeln und Jagen. Sowie manchmal, wenn es mich juckt und kneift, mal kurz auf die Nordschleife. Super sicher, ziemlich flott, komfortabel, geräumig, extrem wendig und dabei sogar relativ sparsam in Unterhalt und Verbrauch. So soll es sein. Und zukünftig bleiben – egal, mit welchem Mobilitätsblech-Kameraden an meiner PS-erprobten Seite! Mein Dank von Mensch zu Mensch gilt all jenen, die dieses Buch erst möglich gemacht und dessen Entwicklung so positiv unterstützt haben. Neben meiner Familie also vor allem dem Kollegenkreis beim Motorbuch-Verlag: Sehr herzlichen Dank, lieber Martin Zeiser, lieber Joachim Kuch, lieber Martin Gollnick, liebe Kornelia Erlewein und lieber Joachim Köster. Außerdem danke ich natürlich von Herzen zwei meiner Freunde mit reichlich Benzin im Blut: Franz Obst für seine wertvoll-unterhaltenden Tipps zur StVO und Dieter Stump für seine fachliche Themenberatung. Last but not least mein Dank an all die Unterstützer hier am Nürburgring – in und an meiner kreativen Boxengasse.

Race must go on, please start your engines!!!

Ausgezeichnete Qualität!

caramba
... das wirkt

Überzeugend im Test: Die Bestseller von Caramba

Seit über 110 Jahren. Made in Germany.

Caramba | Reinigung · Pflege · Wart